数学写真集（第2季）——无需语言的证明

[美] Roger B. Nelsen 编

肖占魁 符稳联 译

范兴亚 译校

机 械 工 业 出 版 社

本书由122个"无需语言的证明"的图片组成，每个图片配有相关"证明"的数学结论。当从一个图片中悟出为何该图片证明了相应的数学结论时，读者便能够体会到数学绝妙的美，所以这本书取名为数学写真集。书中的素材选取自国际顶尖的数学杂志。

本书可以作为数学爱好者的休闲读物，也可作为学生的课外参考书，还可以作为中学和大学数学教师的教学素材。

Proofs Without Words Ⅱ：More Exercises in Visual Thinking

© 2000 by The mathematical Association of America（Incorporated）

All Rights Reserved. Authorized translation from the English language edition published by Mathematical Association of America

北京市版权局著作权合同登记号：01-2013-1813

图书在版编目（CIP）数据

数学写真集. 第2季，无需语言的证明/（美）尼尔森编；肖占魁，符稳联译. —北京：机械工业出版社，2014.6（2024.7重印）
ISBN 978-7-111-46677-2

Ⅰ.①数…　Ⅱ.①尼…②肖…③符…　Ⅲ.①数学—通俗读物
Ⅳ.①O1-49

中国版本图书馆 CIP 数据核字（2014）第 097198 号

机械工业出版社（北京市百万庄大街22号　邮政编码100037）
策划编辑：韩效杰　责任编辑：韩效杰　汤　嘉
版式设计：霍永明　责任校对：张　薇
封面设计：路恩中　责任印制：单爱军
保定市中画美凯印刷有限公司印刷
2024年7月第1版第10次印刷
169mm×239mm · 8.75 印张 · 167 千字
标准书号：ISBN 978-7-111-46677-2
定价：39.00 元

电话服务　　　　　　　　　　网络服务
客服电话：010-88361066　　机 工 官 网：www.cmpbook.com
　　　　　010-88379833　　机 工 官 博：weibo.com/cmp1952
　　　　　010-68326294　　金 书 网：www.golden-book.com
封底无防伪标均为盗版　　机工教育服务网：www.cmpedu.com

仅以此书怀念我的父亲和母亲

（Ann Bain Nelsen 和 Howard Ernest Nelsen）

前　　言

证明不是为了让你相信某些事物是正确的，而是向你展示它为什么是正确的。

——Andrew Gleason

一个好的证明可以使我们更聪明。

——Yu. I. Manin

许多工作都是在为那些已经有了证明方法的定理寻找新的证明方法，而这仅仅是因为现存的方法不够美观。许多数学的证明方法仅是让人信服，借用著名的数学物理学家 Lord Rayleigh 的名言，"他们迫使大家同意这些证明方法"。但其实还有许多其他优美和充满智慧的证明方法。"它们让人们欣喜并情不自禁地呐喊：阿门，阿门。"一个优美的证明方法就像一首诗，其结构就蕴含在这首诗里面。

——Morris Kline

什么是"无需语言的证明呢？"正如你将要从这套丛书的第 2 季上看到的，这个问题并没有一个简单明了的答案（丛书的第 1 季，Proofs Without Words: Exercises in Visual Thinking，已经在 1993 由美国数学协会出版，中文版《数学写真集（第 1 季）——无需语言的证明》由机械工业出版社出版）。一般地，无需语言的证明（PWWs）就是用一些图和图表来帮助读者了解为什么一个具体的数学命题是正确的，同时也让读者了解怎样去证明它是正确的。有些时候在整个证明过程中会配有一两个等式来引导读者。然而，关键之处是所提供的可视化思维能够激发读者的数学思想。

在由美国数学协会出版的期刊中 PWWs 是王牌栏目。PWWs 首先是出现在约 1975 年的《数学杂志》上，十年后又出现在《数学校刊》上。

但无需语言的证明并不是最近的创新，它们已经有很长一段历史了。在本书中你会发现 PWWs 的许多现代思想来自于古代中国、10 世纪的阿拉伯和文艺复兴时期的意大利。PWWs 现在也会出现在其他的杂志和期刊里，包括美国以及海外出版的杂志，甚至还会出现在互联网上。

　　当然，有些人就认为 PWWs 并不是真正的"证明"（其实它们并不是"无需语言的，"因为等式都会配有一个 PWW）。在 James Robert Brown 最近的《数学哲学：有关证明与图形世界的介绍》（1999 年伦敦劳特利奇出版社）一书中有记载：

　　"数学家，就像我们中的一些人，会珍惜聪明的想法；特别地，他们会因为一个巧妙的图形而高兴。但这种欣赏并不会淹没一个普遍的怀疑。毕竟，一个图表（当然是最好的情况下）仅仅只是一种特殊情况，所以并不能建立一个一般的定理。更糟糕的是，它也许会成为一个彻底的误导。即使不是很普遍，但一般的观点就是图画确实没有启发式教育的受益多；它们在心理暗示方面和在教学方法上是很重要的，但是却没有证出任何结论。我要反对这种观点并且要说明图画在证明过程中真的有起到一个有效的作用——是一个比启发式教育还要好很多的角色。简而言之，图形能够证明定理。"

　　在 PWWs 的第 1 季的前言中，我建议老师能将 PWWs 介绍给学生们。第 1 季书的一些读者向我咨询，PWWs 在课堂上以何种方式使用。来自各个学习水平的师生对于使用 PWWs 均有回复，包括在高中学习微积分的必修课程，大学教育的微积分学、数论、组合数学，以及教师的课前预习和授课中都有。PWWs 经常用于补充或甚至用来代替教科书上的证明，例如：勾股定理、整数求和的公式、关于正方形以及立方体方面的问题。其他的就广泛地使用在常规作业中、额外加分的问题中、学生在课堂的自由发言当中、甚至是在单元考卷和课堂项目中。

　　需要指出的是，该书如第 1 季一样总有不完备的地方。它没有包含所有的 PWWs，它既没有全部包含自 1993 年第 1 季出版后出现在各类出版物上的 PWWs 也没有包含我编辑第 1 季书时搜集的所有 PWWs。数学协会期刊的读者们肯定已经发现，出现在出版物中新的 PWWs 更加频繁了，并且它们现在也会出现在互联网上并以优越的形式展示出来，其中包括动画和互动。

　　我希望阅读该书的读者在探索或再次探索一些数学思想优美的视觉示例时能够发现其中的乐趣；教师也能够将它们分享给学生；并且希望所有的读者能够得到鼓舞去创造新的不需要语言的证明。

　　致谢：我对所有将 PWWs 发表在数学杂志上的人表达感激和感谢之情，见书后的英文人名索引。没有他们的帮助，本书不会这么顺利地出版。感谢 Andy Sterrett 和教师资源材料（Classroom Resource Materials）编辑委员们对本书前稿的认真阅读，同时感谢他们提出的许多宝贵意见。还要感谢美国数学协会的成员 Elaine Pedreira，Beverly Ruedi 和 Don Albers 对我们的鼓励以及专业方面的意见和对出版本书做出的努力。

Roger B. Nelsen
路易克拉克大学
俄勒冈州，波特兰

注记：

　　1. 本书中的插图是重新画的，以达到一致的效果。少部分的实例标题有所改动，并且为了达到简练清楚的效果，阴影处和标记有所增加和减少。所有由以上过程而产生的错误都由我负责。

　　2. 在一些 PWWs 的标题中用到的罗马数字是用来区分相同定理的多样 PWWs 的，并且该编号方式是从第 1 季中延续下来的。例如，因为在第 1 季中有六个 PWWs 讲勾股定理，所以在本书中的"几何与代数"中的题目就继续保留为"勾股定理Ⅶ"。

　　3. 在本书中一些以"解"的形式展示的 PWWs 是摘自一些数学竞赛中的题目，例如威廉·洛威尔普特南数学竞赛和加拿大数学奥林匹克竞赛。不过，这样的解在竞赛中可能得不到多少分数，比如在威廉·洛威尔普特南竞赛中"对于一个证明的所有步骤都必须全部详细地简练地列出来。"

　　4. 在前言开头的那三条引用语是来自 Rosemary Schmalz 发表的《Out of the Mouths of Mathematicians》（1993 年，华盛顿，美国数学协会出版）的第 75 页、62 页和 135 – 136 页。

目　录

几何与代数

勾股定理Ⅶ

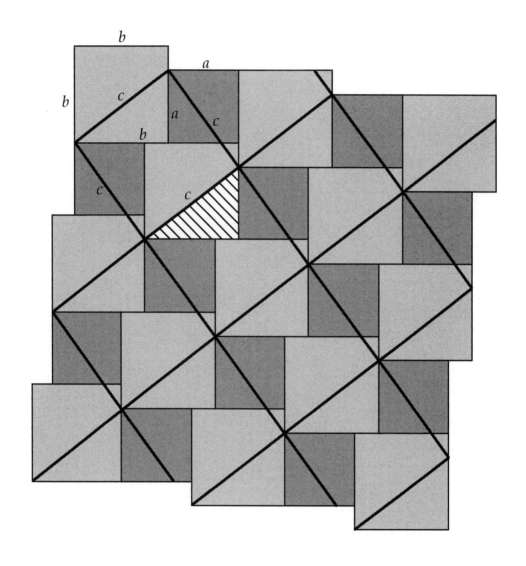

——阿拉伯的安奈瑞兹（Annairizi）（大约在公元 900 年）

勾股定理Ⅷ

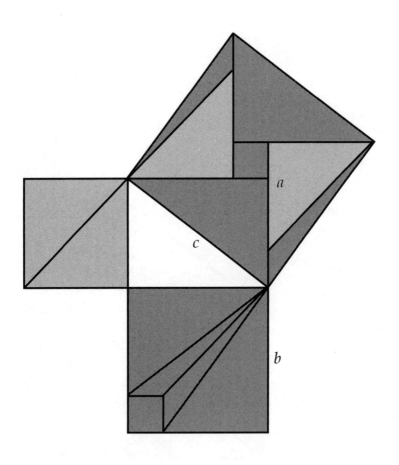

——刘徽（Liu Hui）（公元 3 世纪）

勾股定理 IX

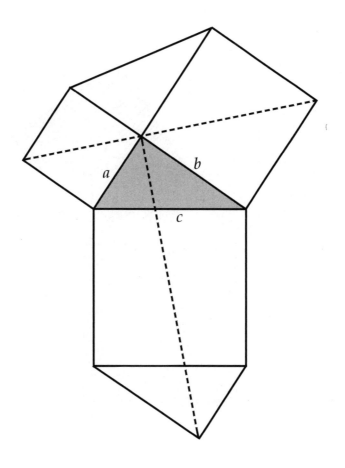

——莱昂纳多·达·芬奇（Leonardo da Vinci）（1452～1519）

勾股定理 X

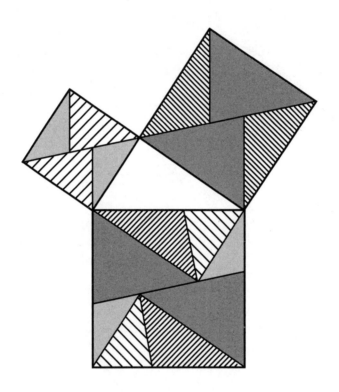

——J. E. 博星（J. E. Bottcher）

勾股定理 XI

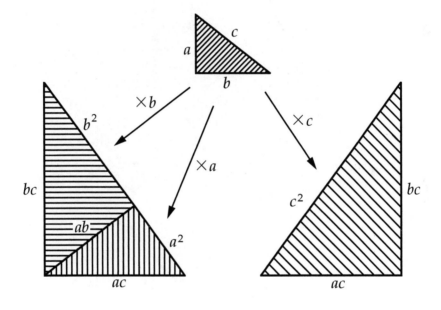

——弗兰克·伯克（Frank Burk）

勾股定理XII

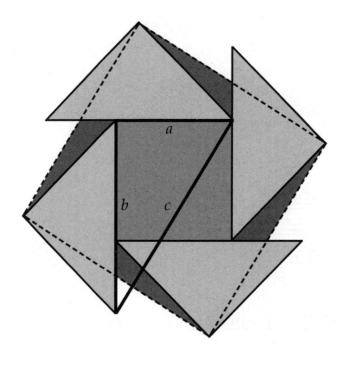

$$a^2 + b^2 = c^2$$

——朴普星（Poo-sung Park）

勾股定理的推广

给出两个正方形，它们的边长分别是给定平行四边形的两条对角线的长度；再由平行四边形的四条边构成四个正方形，则前两个正方形的面积和等于后四个正方形面积的和。

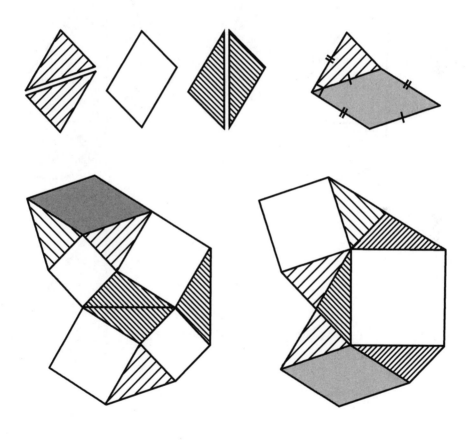

推论：勾股定理（当平行四边形是矩形的时候）

——大卫 S. 怀斯（David S. Wise）

希俄斯的希波克拉底定理（大约公元前 440 年）

对一个给定的直角三角形，在其边上构成的半月形的面积等于该三角形的面积。

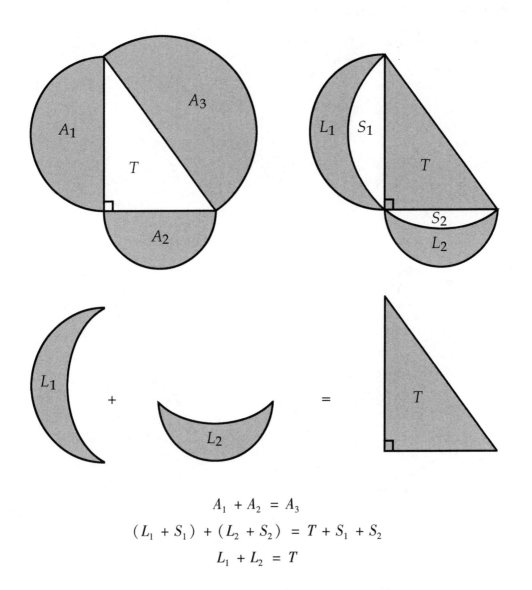

$$A_1 + A_2 = A_3$$

$$(L_1 + S_1) + (L_2 + S_2) = T + S_1 + S_2$$

$$L_1 + L_2 = T$$

——马格伦 A. 尤金（Eugene A. Margerum）

和迈克尔 M. 麦克唐纳（Michael M. McDonnell）

带有锐角 π/12 的直角三角形的面积

一个直角三角形的面积 $= \dfrac{1}{8}($斜边$)^2$ 当且仅当其有一个锐角为 π/12。

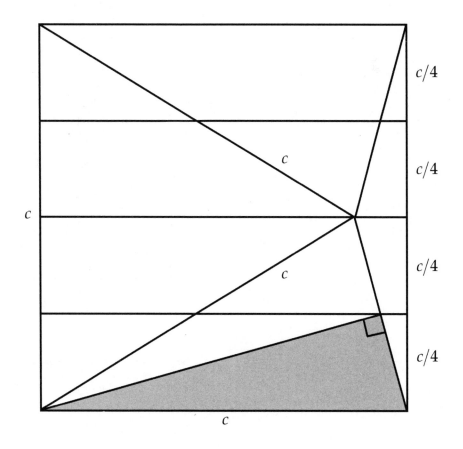

——克拉拉·品特（Klara Pinter）

直角三角形的不等式

（1969 年加拿大数学奥林匹克竞赛第 3 题）

（Problem 3，The Canadian Mathematical Olympiad，1969）

令 c 为直角三角形的斜边长，且两条直角边长分别为 a 和 b。

试证：
$$a + b \leqslant c\sqrt{2}$$

且在何时等号成立？

证明：

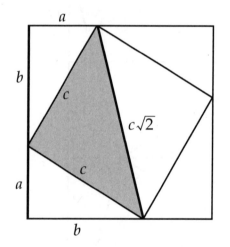 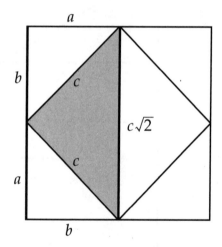

$$a + b \leqslant c\sqrt{2}$$ $$a + b = c\sqrt{2} \Leftrightarrow a = b$$

直角三角形的内切圆半径

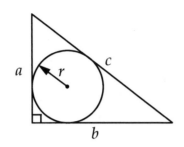

$$\text{I}.\ r = \frac{ab}{a+b+c}$$

$$\text{II}.\ r = \frac{a+b-c}{2}$$

$\text{I}.\ ab = r(a+b+c)$

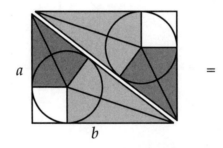

$=$

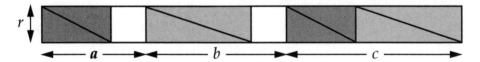

——刘徽（Liu Hui）（公元 3 世纪）

$\text{II}.\ c = a + b - 2r$

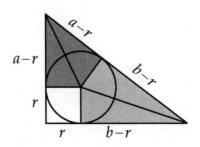

一个三角形的周长与其内切圆半径的积等于该三角形面积的两倍

I

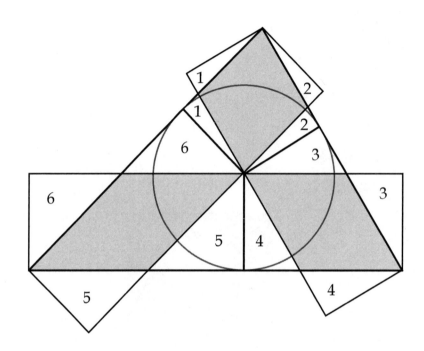

注意：标记相同数字的区域面积相等。

——格雷丝·林（Grace Lin）

II

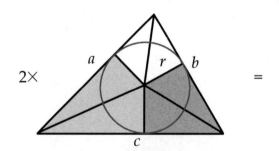

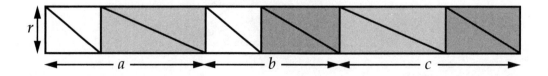

四个面积相等的三角形

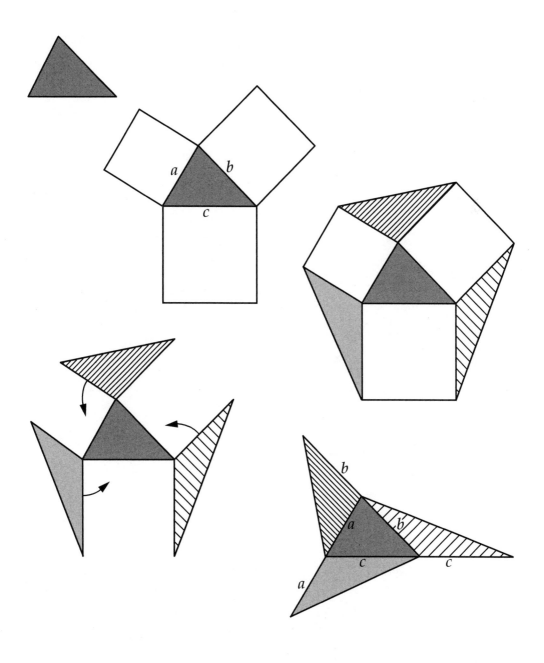

——史蒂文 L. 圣诺威（Steven L. Snover）

由三角形的中线构成的三角形的面积等于原三角形面积的 $\frac{3}{4}$

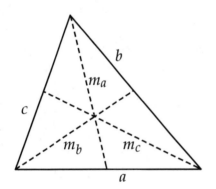 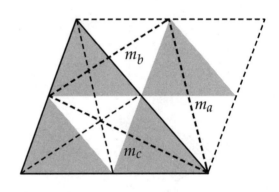

$$\text{面积}(\triangle m_a m_b m_c) = \frac{3}{4}\text{面积}(\triangle abc)$$

——诺伯特·昂格比勒（Norbert Hungerbühler）

三角形的等分切割与重组

连接三角形各边的三等分点与对角顶点所围成的内三角形的面积等于原三角形面积的 $\frac{1}{7}$。

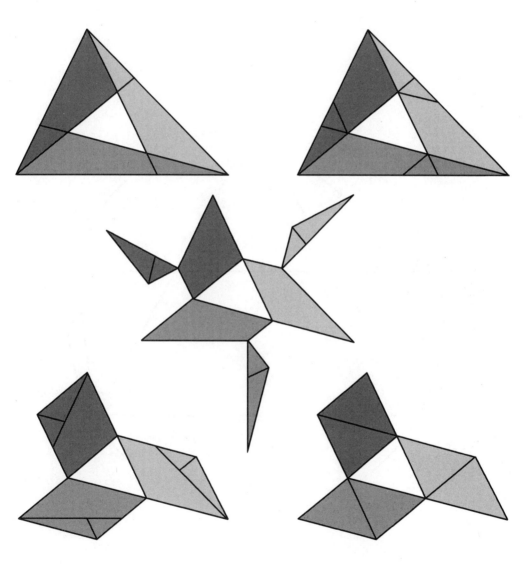

——威廉·约翰斯顿和乔·肯尼迪
（William Johnston and Joe Kennedy）

月刊上的黄金分割问题

（1983 年美国数学月刊，482 页，问题 E3007）

（Problem E3007, American Mathematical Monthly, 1983, p. 482）

令 A 和 B 为等边三角形 DEF 的边 EF 和 ED 的中点。延长 AB 交三角形 DEF 的外接圆于 C。证明 B 为 AC 的黄金分割点。

证明：

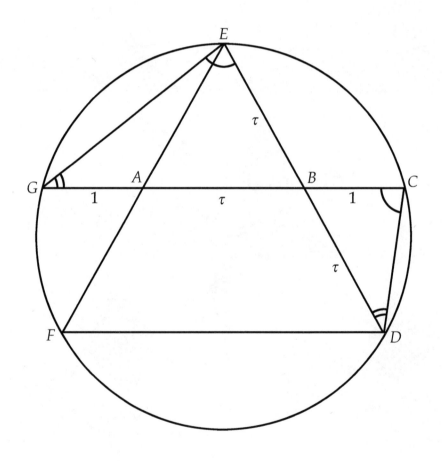

$$\tau^2 = \tau + 1$$

——简万德·克雷特（Jan van de Craats）

由正方形与平行四边形构成的图形

　　如果所有正方形的边都是由平行四边形的边构成的，则由正方形的中心所构成的四边形也是正方形。

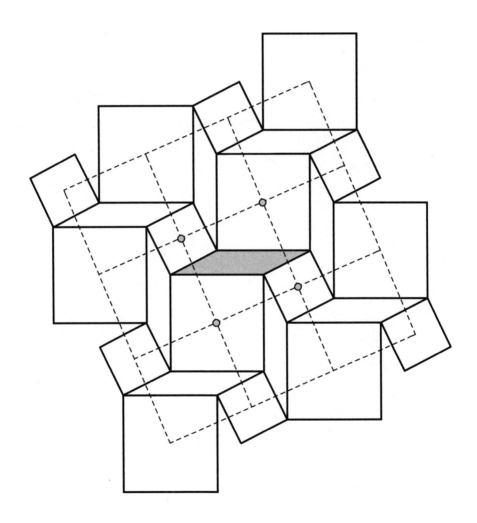

　　　　　　　　　　　　　　——欧非尼奥·弗洛雷斯（Alfinio Flores）

四边形的面积 I

四边形的面积 $\leqslant \dfrac{1}{2}\cdot$ 两条对角线的乘积，当且仅当两对角线互相垂直时"="成立。

Ⅰ 凸四边形

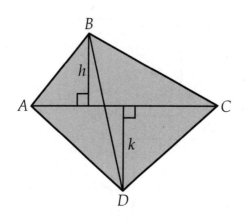

$$\text{面积} = \frac{1}{2}\overline{AC}\cdot(h+k)$$
$$\leqslant \frac{1}{2}\overline{AC}\cdot\overline{BD}$$

Ⅱ 凹四边形

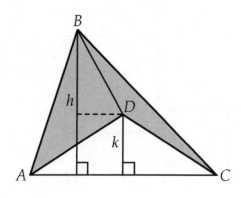

$$\text{面积} = \frac{1}{2}\overline{AC}\cdot(h-k)$$
$$\leqslant \frac{1}{2}\overline{AC}\cdot\overline{BD}$$

——大卫 B. 谢尔（David B. Sher）
罗纳德·斯科尔斯尼克（Ronald Skurnick）
和迪恩 C. 纳特罗（Dean C. Nataro）

四边形的面积 II

若四边形 P 的边平行且等于四边形 Q 的对角线，则四边形 Q 的面积 $= \frac{1}{2} \cdot$ 平行四边形 P 的面积。

I Q 为凸四边形

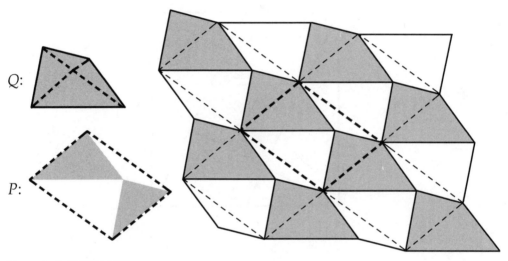

II Q 为凹四边形

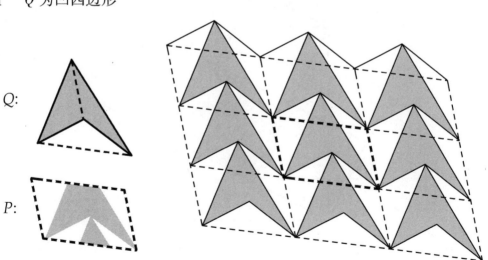

$$面积(Q) = \frac{1}{2} \, 面积(P)$$

内含正方形的正方形

连接正方形的各顶点与对边的中点（如图所示），则

$$小正方形的面积 = \frac{1}{5} 大正方形的面积$$

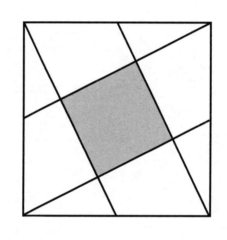

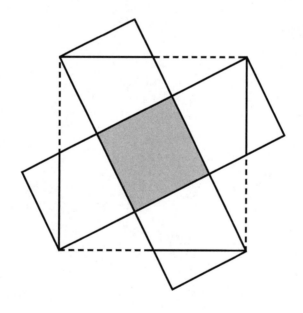

正多边形的周长与面积

内接于圆内的正 $2n$ 边形的面积 $= \dfrac{1}{2} \times$ 圆的半径 $\times$ 圆的内接正 n 边形的周长 $(n \geqslant 3)$。

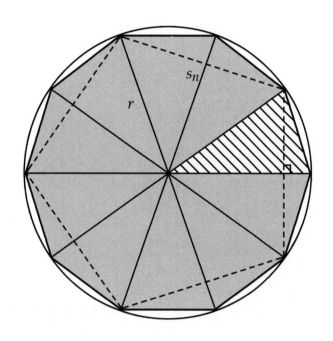

$$\frac{1}{2n} \text{面积}(P_{2n}) = \frac{1}{2} \cdot r \cdot \frac{1}{2} s_n$$

$$\therefore \text{面积}(P_{2n}) = \frac{r}{2} n s_n$$

$$= \frac{r}{2} \text{周长}(P_n)$$

推论——婆什迦罗·丽罗娃提 ［Bhāskara. Lilāvati 印度，公元 12 世纪］：一个圆的面积等于其半径与周长乘积的一半。

普特南八角形的面积

（1978 年第 39 届威廉·洛威尔普特南数学竞赛，问题 B1）

（Problem B1，39th Annual William Lowell Putnam Mathematical Competition，1978）

若一个凸八边形内接于一个圆，且其有连续的 4 条边的长为 3 个单位长，剩下 4 条边的边长均为 2 个单位长，求该凸八边形的面积。给出该结果的 $r + s\sqrt{t}$ 的形式，其中 r，s 和 t 均为正整数。

解答：

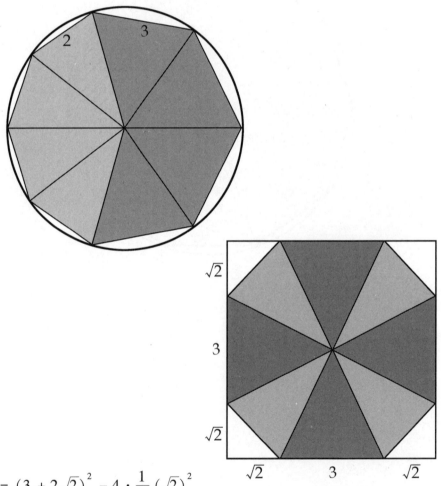

$$A = \left(3 + 2\sqrt{2}\right)^2 - 4 \cdot \frac{1}{2}\left(\sqrt{2}\right)^2$$
$$= 13 + 12\sqrt{2}$$

普特南十二边形

（1963 年第 24 届威廉·洛威尔普特南数学竞赛，问题 I-1）

（Problem I-1, 24th Annual William Lowell Putnam Mathematical Competition, 1963）

（i）用一个正六边形，六个正方形和六个全等的三角形能刚好组成一个正十二边形。

（ii）令 P_1，P_2，…，P_{12} 依次为正十二边形的顶点。讨论三条对角线 P_1P_9，P_2P_{11} 和 P_4P_{12} 能否相交。

解：

(i)

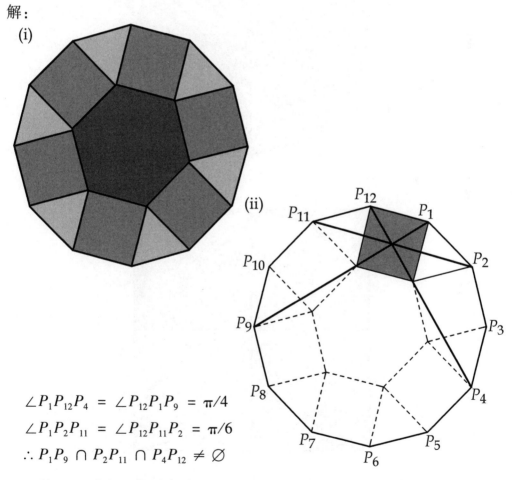

(ii)

$$\angle P_1P_{12}P_4 = \angle P_{12}P_1P_9 = \pi/4$$
$$\angle P_1P_2P_{11} = \angle P_{12}P_{11}P_2 = \pi/6$$
$$\therefore P_1P_9 \cap P_2P_{11} \cap P_4P_{12} \neq \varnothing$$

练习：讨论四条对角线 P_1P_6，P_2P_9，P_3P_{11} 和 P_4P_{12} 能否相交（Problem F-4（b），The AMATYC Review，1985，p. 61）。

正十二边形的面积

外接圆半径为 1 的正十二边形的面积为 3

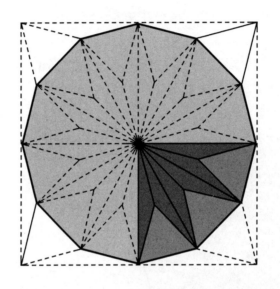

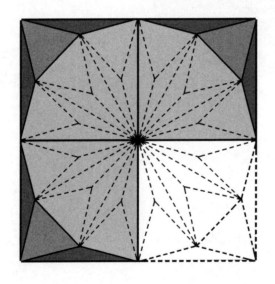

——屈尔沙克（J. Kürschák）

比萨的公平分配

比萨定理：在比萨上的任一点沿45°角切，将比萨分成8份，则交替区域的面积和相等。

证明：

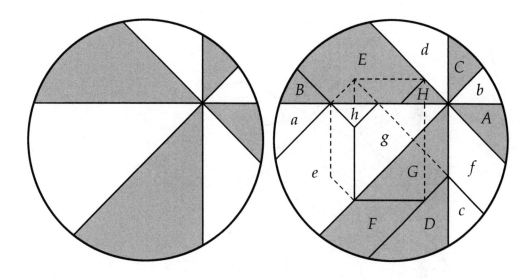

注记：这个结果是由 L. J. Upton 发现的，当 $n = 8$，12，16，…时结论成立，但当 $n = 2$，4，6，10，14，18，…时结论不成立。成立的情况上面已经讨论了。对于不成立的情况，当 $n = 4$ 时易证，而当 $n \equiv 2 \pmod 4$ 时，我们有下面 Don Coppersmith（IBM）的结论。由连续性，在单位圆边界上取定一个点，则经过该点的一条弦是切线。此时灰色区域的面积可以以 π 为单位表示，也可以由代数数表示，这两种表示相等可以导出一个关于 π 的等式，而 π 是超越数，就导致了矛盾（省略了证明细节）。

引用：

1. L. J. Upton, Problem 660, Mathematics Magazine 41（1968）46.
2. S. Rabinowitz, Problem 1325, Crux Mathematicorum 15（1989）120 – 122.

——拉里·卡特（Larry Carter）和斯坦·瓦根（Stan Wagon）

三圆定理

给定三个外部互不相交的圆，将其中任一对圆的公共切线的交点与第三个圆的圆心连接起来，则产生的三条线段相交于一点。

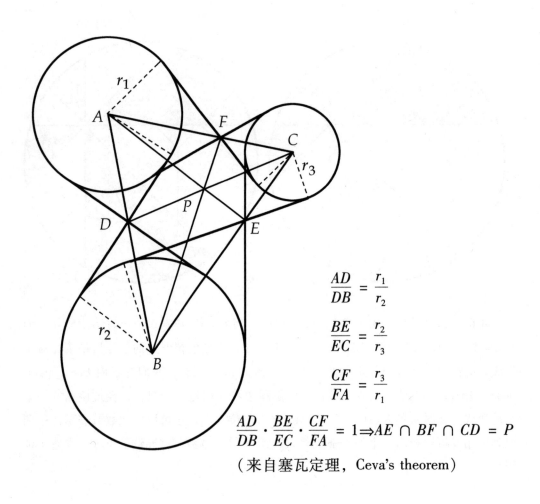

$$\frac{AD}{DB} = \frac{r_1}{r_2}$$

$$\frac{BE}{EC} = \frac{r_2}{r_3}$$

$$\frac{CF}{FA} = \frac{r_3}{r_1}$$

$$\frac{AD}{DB} \cdot \frac{BE}{EC} \cdot \frac{CF}{FA} = 1 \Rightarrow AE \cap BF \cap CD = P$$

（来自塞瓦定理，Ceva's theorem）

——胡 R. S（R. S. Hu）

一条固定的弦

设两圆 Q 和 R 相交于 A 和 B 两点。圆 R 外的圆 Q 的弧上的一点 P 分别连接到 A、B 上，从而确定了圆 R 的弦 CD。试证明无论点 P 选在弧上的哪点，弦 CD 的长都不变。

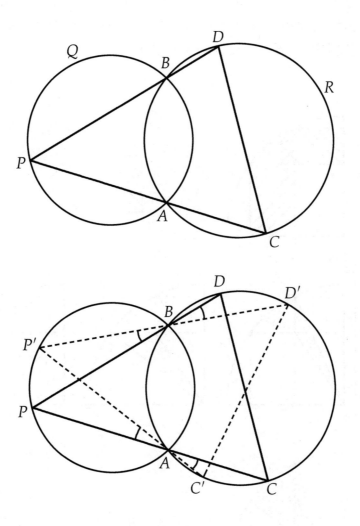

$$\angle C'AC = \angle P'AP = \angle P'BP = \angle D'BD$$
$$\overset{\frown}{C'C} = \overset{\frown}{D'D}, \ \overset{\frown}{C'D'} = \overset{\frown}{CD}$$
$$C'D' = CD$$

一个普特南面积问题

（1998 年第 59 届威廉·洛威尔普特南年度数学竞赛，问题 A2）

（Problem A2，59th Annual William Lowell Putnam Mathematical Competition，1998）

　　令 s 为任意一个单位圆在第一象限上的一段弧。令 A 为弧 s 下，x 轴上的那片区域的面积，并且令 B 为 y 轴右方和 s 周边的区域面积。试证明 $A + B$ 的值仅取决于弧的长度，与 s 的位置无关。

解：

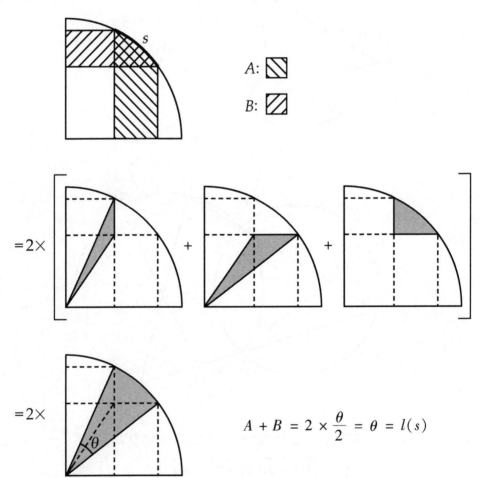

$$A + B = 2 \times \frac{\theta}{2} = \theta = l(s)$$

多边形拱的面积

由一个正 n 边形的一个顶点沿着一条直线卷曲而形成的多边形拱的面积等于这个多边形面积的 3 倍。

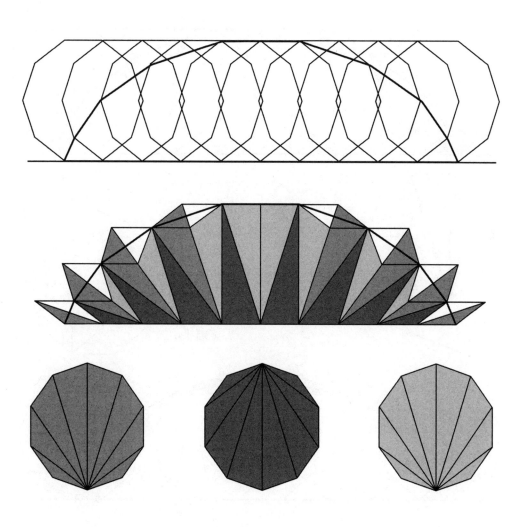

推论：一个圆形拱的面积是这个生成圆面积的三倍。

——菲利普 R. 马林森（Philip R. Mallinson）

多边形拱的长度

由一个正 n 边形的一个顶点沿着一条直线卷曲而形成的多边形拱的长度等于这个 n 边形内接圆半径长的 4 倍加上外接圆半径长的 4 倍。

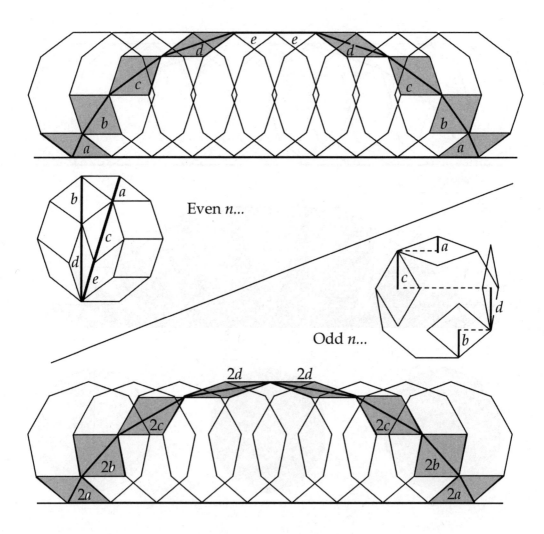

Even n...

Odd n...

推论：由一个圆形成的拱的长度等于该圆半径长的 8 倍。

——菲利普 R. 马林森（Philip R. Mallinson）

一个金字塔形锥体的截头锥体的体积

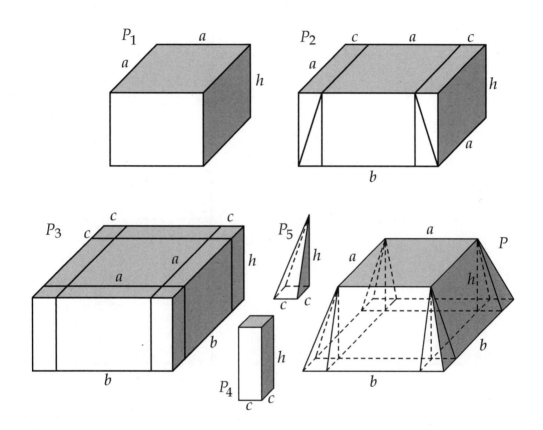

$$P_4 = 3P_5$$

$$P_1 + P_3 = 2P_2 + 4P_4 \Rightarrow P_1 + P_2 + P_3 = 3P_2 + 12P_5$$

$$= 3(P_2 + 4P_5) = 3P$$

$$\therefore V = \frac{h}{3}(a^2 + ab + b^2)$$

——西尼 H. 昆（Sidney H. Kung）

四个满足等差数列的数之积总是可以表示为两个数的平方差

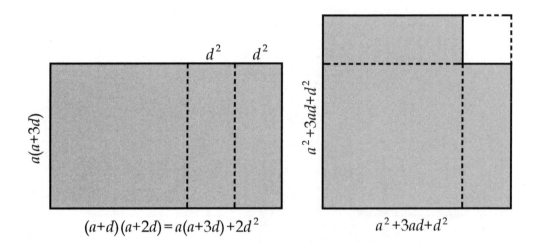

$$(a+d)(a+2d)=a(a+3d)+2d^2 \qquad a^2+3ad+d^2$$

$$a(a+d)(a+2d)(a+3d) = (a^2+3ad+d^2)^2 - (d^2)^2$$

——RBN

代数领域 Ⅲ：
平方和的因式分解

$$x^2 + y^2 = \left(x + \sqrt{2xy} + y \right)\left(x - \sqrt{2xy} + y \right)$$

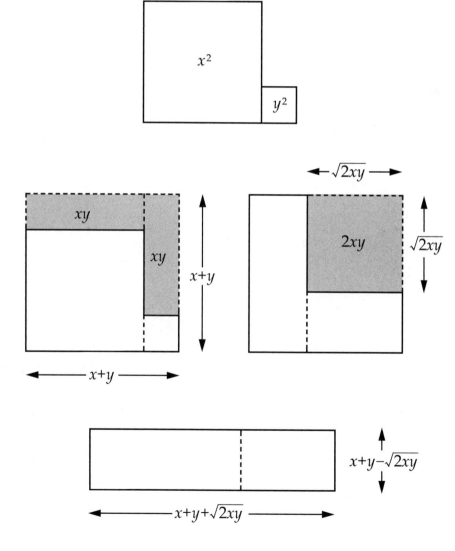

三角，微积分与解析几何

两角和的正弦公式 II

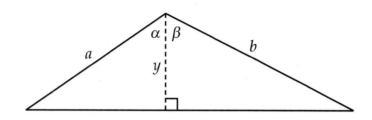

$$\alpha,\beta \in (0,\pi/2) \Rightarrow y = a\cos\alpha = b\cos\beta$$

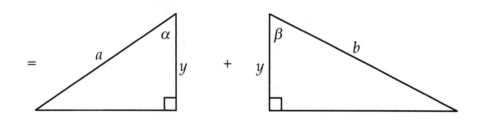

$$\frac{1}{2}ab\sin(\alpha + \beta) = \frac{1}{2}ay\sin\alpha + \frac{1}{2}by\sin\beta$$

$$= \frac{1}{2}ab\cos\beta\sin\alpha + \frac{1}{2}ba\cos\alpha\sin\beta$$

$$\therefore \sin(\alpha + \beta) = \sin\alpha\cos\beta + \cos\alpha\sin\beta$$

——克里斯托弗·布鲁伊尼格森（Christopher Brueningsen）

两角和的正弦公式 Ⅲ

$$\sin(\alpha + \beta) = \sin\alpha\cos\beta + \cos\alpha\sin\beta$$

Ⅰ.

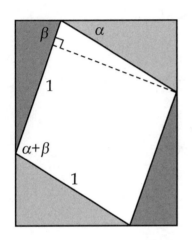 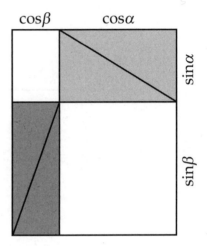

Ⅱ.

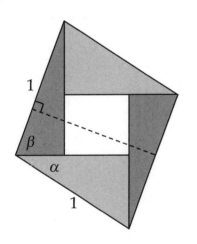 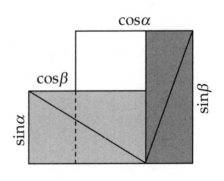

——沃克·普里贝（Volker Priebe）和
埃德加 A. 拉莫斯（Edgar A. Ramos）

两角和的余弦公式

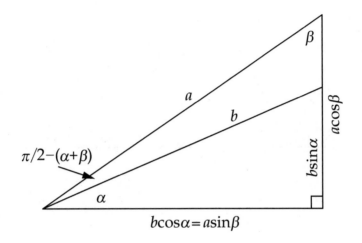

$$\frac{1}{2}ab\left[\sin\frac{\pi}{2} - (\alpha + \beta)\right] = \frac{1}{2}b\cos\alpha \cdot a\cos\beta - \frac{1}{2}a\sin\beta \cdot b\sin\alpha$$

$$\therefore \cos(\alpha + \beta) = \cos\alpha\cos\beta - \sin\alpha\sin\beta$$

——西尼 H. 昆 （Sidney H. Kung）

两角和的正余弦公式的几何学

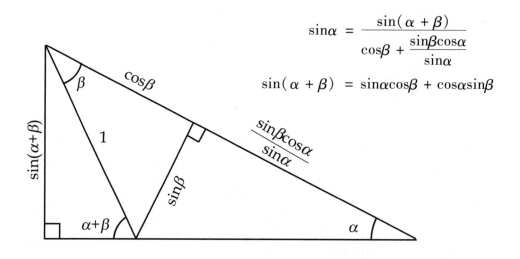

$$\sin\alpha = \frac{\sin(\alpha + \beta)}{\cos\beta + \dfrac{\sin\beta\cos\alpha}{\sin\alpha}}$$

$$\sin(\alpha + \beta) = \sin\alpha\cos\beta + \cos\alpha\sin\beta$$

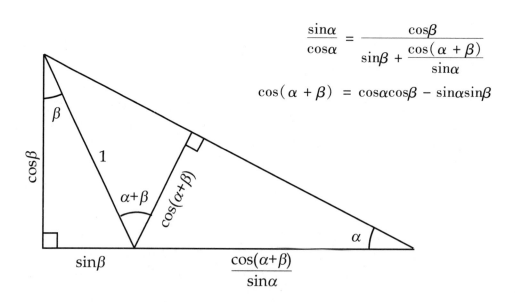

$$\frac{\sin\alpha}{\cos\alpha} = \frac{\cos\beta}{\sin\beta + \dfrac{\cos(\alpha + \beta)}{\sin\alpha}}$$

$$\cos(\alpha + \beta) = \cos\alpha\cos\beta - \sin\alpha\sin\beta$$

——伦纳德 M. 斯迈利（Leonard M. Smiley）

两角差的正余弦公式的几何学

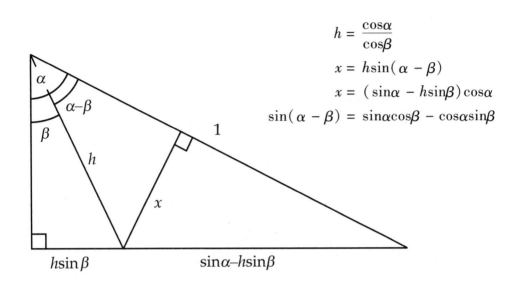

$$h = \frac{\cos\alpha}{\cos\beta}$$
$$x = h\sin(\alpha - \beta)$$
$$x = (\sin\alpha - h\sin\beta)\cos\alpha$$
$$\sin(\alpha - \beta) = \sin\alpha\cos\beta - \cos\alpha\sin\beta$$

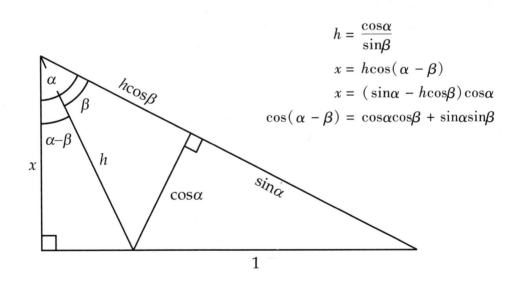

$$h = \frac{\cos\alpha}{\sin\beta}$$
$$x = h\cos(\alpha - \beta)$$
$$x = (\sin\alpha - h\cos\beta)\cos\alpha$$
$$\cos(\alpha - \beta) = \cos\alpha\cos\beta + \sin\alpha\sin\beta$$

——伦纳德 M. 斯迈利（Leonard M. Smiley）

两角差的正切公式 I

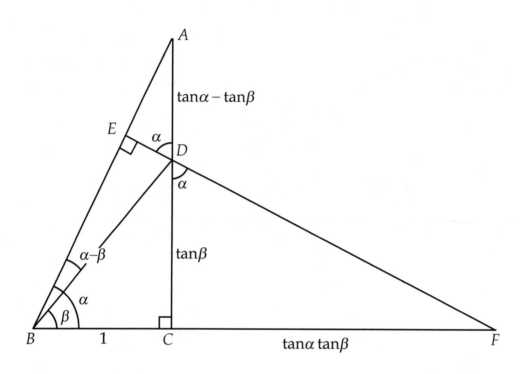

$$\frac{BF}{BE} = \frac{AD}{DE},$$

$$\therefore \tan(\alpha - \beta) = \frac{DE}{BE} = \frac{AD}{BF} = \frac{\tan\alpha - \tan\beta}{1 + \tan\alpha\tan\beta}.$$

——任关申（Guanshen Ren）

两角差的正切公式 II

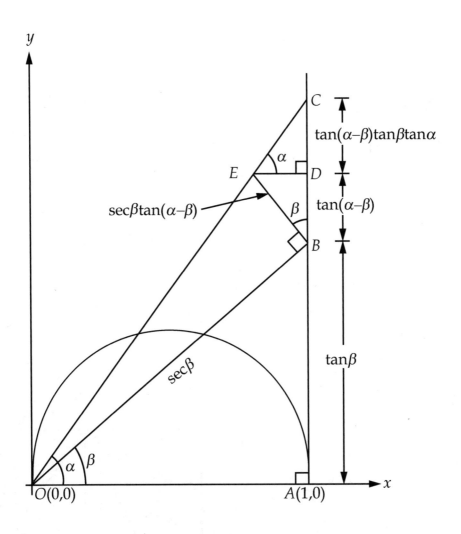

$$AC - AB = BD + DC,$$

$$\therefore \tan\alpha - \tan\beta = \tan(\alpha - \beta) + \tan\alpha\tan\beta\tan(\alpha - \beta),$$

$$\tan(\alpha - \beta) = \frac{\tan\alpha - \tan\beta}{1 + \tan\alpha\tan\beta}.$$

——铃木福造（Fukuzo Suzuki）

一幅图，六个三角恒等式

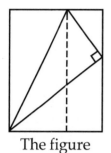

The figure

$$\sin(\alpha + \beta) = \sin\alpha\cos\beta + \cos\alpha\sin\beta$$
$$\cos(\alpha + \beta) = \cos\alpha\cos\beta - \sin\alpha\sin\beta$$

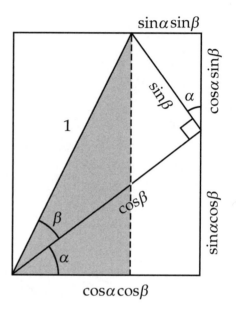

$$\sin(\alpha - \beta) = \sin\alpha\cos\beta - \cos\alpha\sin\beta$$
$$\cos(\alpha - \beta) = \cos\alpha\cos\beta + \sin\alpha\sin\beta$$

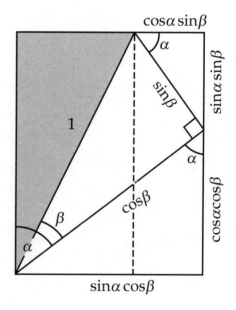

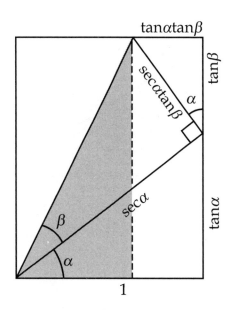

$$\tan(\alpha + \beta) = \frac{\tan\alpha + \tan\beta}{1 - \tan\alpha\tan\beta}$$

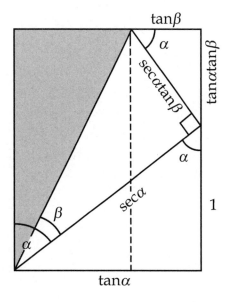

$$\tan(\alpha - \beta) = \frac{\tan\alpha - \tan\beta}{1 + \tan\alpha\tan\beta}$$

——RBN

二倍角公式 Ⅱ

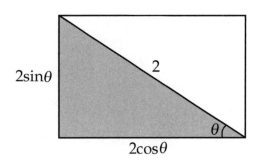

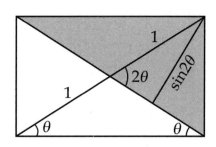

$$2\sin\theta\cos\theta = \sin2\theta$$

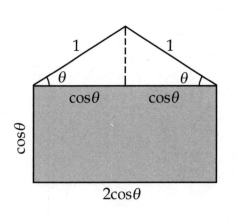

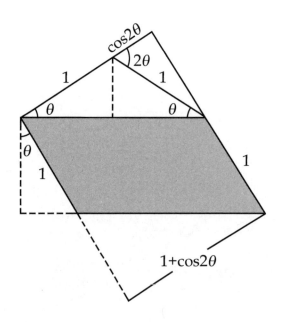

$$2\cos^2\theta = 1 + \cos2\theta$$

——伊南·戴维·高（Yihnan David Gau）

二倍角公式Ⅲ（由正弦与余弦定理而得）

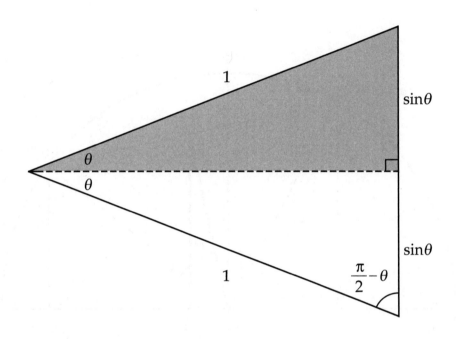

$$\frac{\sin 2\theta}{2\sin\theta} = \frac{\sin(\pi/2 - \theta)}{1} = \cos\theta$$

$$\sin 2\theta = 2\sin\theta\cos\theta$$

$$(\sin 2\theta)^2 = 1^2 + 1^2 - 2 \cdot 1 \cdot 1 \cdot \cos 2\theta$$

$$\cos 2\theta = 1 - 2\sin^2\theta$$

——西尼 H. 昆（Sidney H. Kung）

和化积公式 I

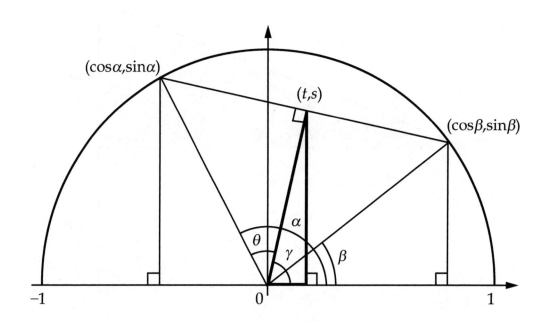

$$\theta = \frac{\alpha - \beta}{2}, \ \gamma = \frac{\alpha + \beta}{2}$$

$$\frac{\sin\alpha + \sin\beta}{2} = s = \cos\frac{\alpha - \beta}{2}\sin\frac{\alpha + \beta}{2}$$

$$\frac{\cos\alpha + \cos\beta}{2} = t = \cos\frac{\alpha - \beta}{2}\cos\frac{\alpha + \beta}{2}$$

——西尼 H. 昆 （Sidney H. Kung）

和化积公式 II

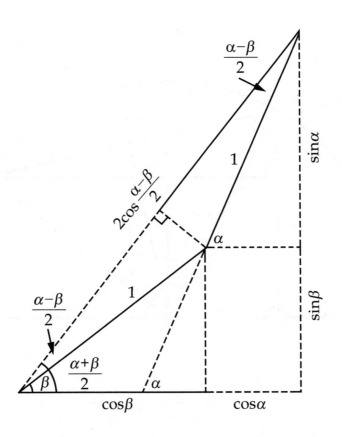

$$\cos\alpha + \cos\beta = 2\cos\frac{\alpha-\beta}{2}\cos\frac{\alpha+\beta}{2}$$

$$\sin\alpha + \sin\beta = 2\cos\frac{\alpha-\beta}{2}\sin\frac{\alpha+\beta}{2}$$

——小林由纪夫（Yukio Kobayashi）

差化积公式 I

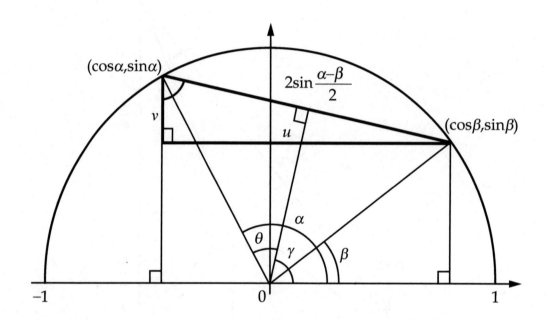

$$\theta = \frac{\alpha - \beta}{2}, \ \gamma = \frac{\alpha + \beta}{2}$$

$$\sin\alpha - \sin\beta = v = 2\sin\frac{\alpha - \beta}{2}\cos\frac{\alpha + \beta}{2}$$

$$\cos\alpha - \cos\beta = u = 2\sin\frac{\alpha - \beta}{2}\sin\frac{\alpha + \beta}{2}$$

——西尼 H. 昆 （Sidney H. Kung）

差化积公式 Ⅱ

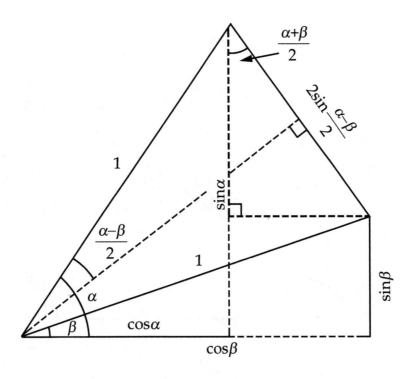

$$\cos\beta - \cos\alpha = 2\sin\frac{\alpha - \beta}{2}\sin\frac{\alpha + \beta}{2}$$

$$\sin\alpha - \sin\beta = 2\sin\frac{\alpha - \beta}{2}\cos\frac{\alpha + \beta}{2}$$

——小林由纪夫（Yukio Kobayashi）

正弦的辅助角公式

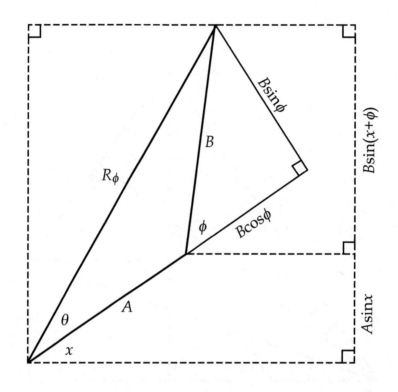

$$R_\phi = \sqrt{A^2 + B^2 + 2AB\cos\phi}, \quad \tan\theta = \frac{B\sin\phi}{A + B\cos\phi}$$

$$A\sin x + B\sin(x + \phi) = R_\phi\sin(x + \theta)$$

$$\phi = \frac{\pi}{2} \Rightarrow \tan\theta = \frac{B}{A}$$

$$\therefore A\sin x + B\cos x = \sqrt{A^2 + B^2}\sin(x + \theta)$$

——瑞克·马布里（Rick Mabry）和

保罗·戴尔门（Paul Deiermann）

一个关于正弦与余弦法则的复数方法

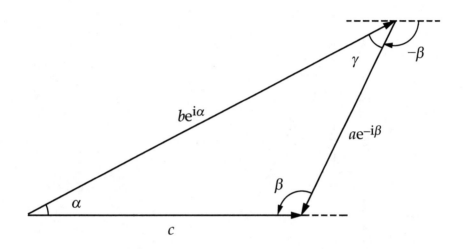

$$c = be^{i\alpha} + ae^{-i\beta} = (b\cos\alpha + a\cos\beta) + i(b\sin\alpha - a\sin\beta)$$

$$c \text{ 为实数} \Rightarrow b\sin\alpha - a\sin\beta = 0 \Rightarrow \frac{a}{\sin\alpha} = \frac{b}{\sin\beta}$$

$$c^2 = |c|^2 = (b\cos\alpha + a\cos\beta)^2 + (b\sin\alpha - a\sin\beta)^2$$

$$= a^2 + b^2 + 2ab\cos(\alpha + \beta)$$

$$= a^2 + b^2 - 2ab\cos\gamma$$

——威廉 V. 格朗斯 （William V. Grounds）

艾森斯坦倍角公式

（艾森斯坦，Mathematische Werke，切尔西，纽约，1975 年，P. 411）

（G. Eisenstein，Mathematische Werke，Chelsea，New York，1975，p. 411）

$$2\csc 2\theta = \tan\theta + \cot\theta$$

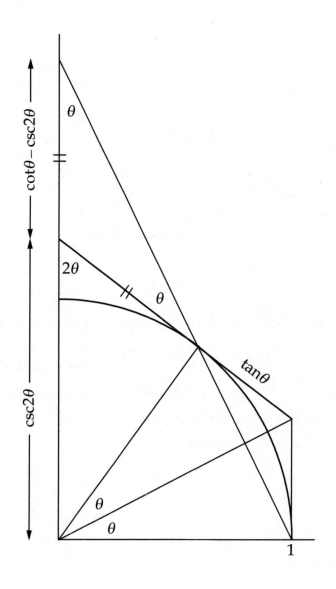

——林谭（Lin Tan）

e 的一个常见极限

$$\lim_{n \to \infty} \left(1 + \frac{1}{n}\right)^n = e$$

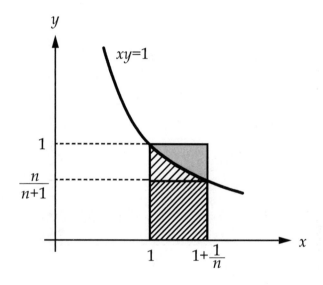

$$\frac{1}{n} \cdot \frac{n}{n+1} \leqslant \ln\left(1 + \frac{1}{n}\right) \leqslant \frac{1}{n} \cdot 1$$

$$\frac{n}{n+1} \leqslant n \cdot \ln\left(1 + \frac{1}{n}\right) \leqslant 1$$

$$\therefore \lim_{n \to \infty} \ln\left(1 + \frac{1}{n}\right)^n = 1$$

一个常见的极限

$$\lim_{x \to \infty} \frac{x}{e^x} = 0$$

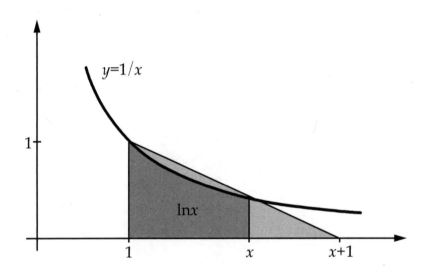

$$\ln x < \frac{1}{2} x$$

$$\therefore \lim_{x \to \infty} \frac{x}{e^x} = \lim_{x \to \infty} \frac{1}{e^{x - \ln x}} = 0$$

——艾伦 H. 斯坦恩（Alan H. Stein）
和丹尼斯·马盖尔（Dennis McGavran）

一个极限的几何求值

$$\sqrt{2 + \sqrt{2 + \sqrt{2 + \sqrt{\cdots}}}} = 2$$

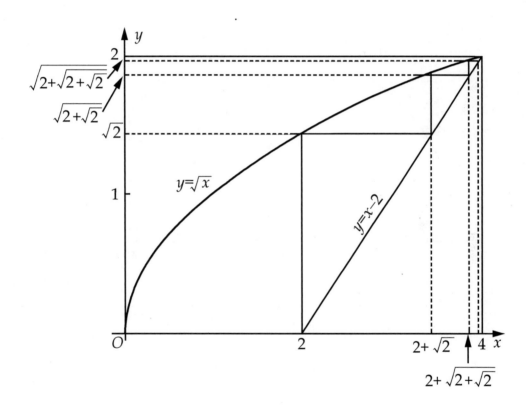

　　　　　　　　　　　　　　　　　　——任关申（Guanshen Ren）

反正弦函数的导数

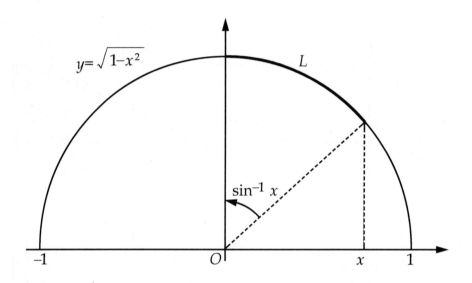

$$L = \sin^{-1}x = \int_0^x \frac{1}{\sqrt{1-t^2}}\mathrm{d}t$$

$$\therefore \frac{\mathrm{d}}{\mathrm{d}x}\sin^{-1}x = \frac{1}{\sqrt{1-x^2}}$$

——克雷格·约翰逊（Craig Johnson）

对数之积

$$\ln ab = \ln a + \ln b$$

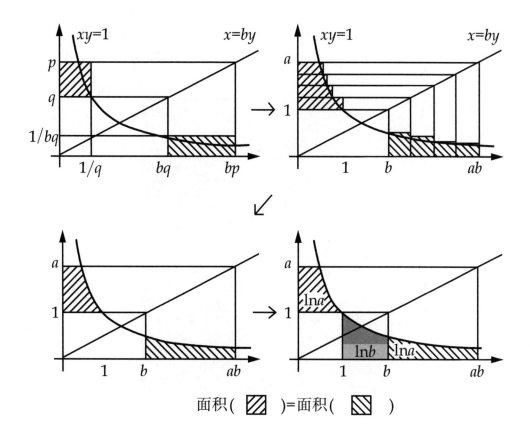

面积(▨)=面积(▨)

译注：求解阴影部分的面积采用定积分的定义。

——杰弗里·伊利（Jeffrey Ely）

互为倒数次幂和的积分

$$\int_0^1 \left(t^{p/q} + t^{q/p} \right) \mathrm{d}t \; = \; 1$$

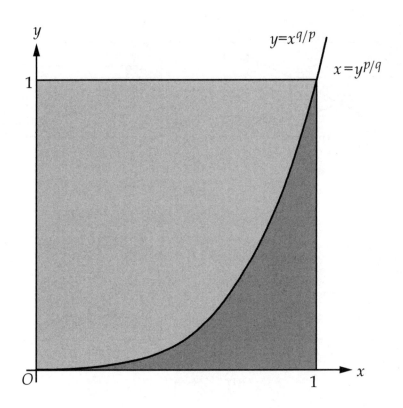

译注：采用定积分定义的方法求面积。

——彼得 R. 纽伯里（Peter R. Newbury）

反正切的积分

$$\arctan x = \int_0^x \frac{1}{1+t^2} dt$$

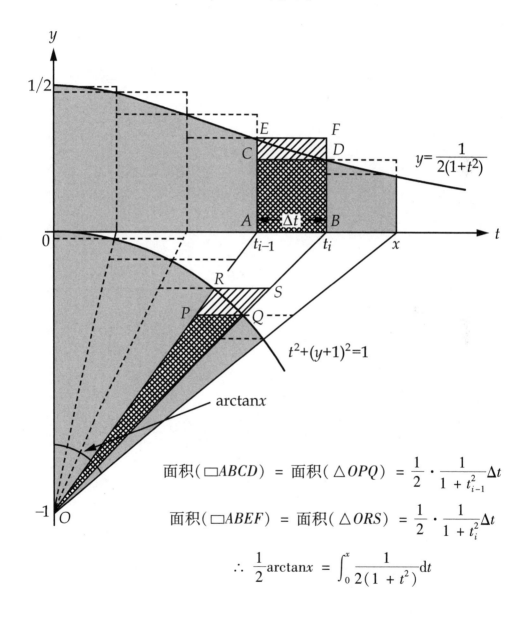

$$\text{面积}(\square ABCD) = \text{面积}(\triangle OPQ) = \frac{1}{2} \cdot \frac{1}{1+t_{i-1}^2} \Delta t$$

$$\text{面积}(\square ABEF) = \text{面积}(\triangle ORS) = \frac{1}{2} \cdot \frac{1}{1+t_i^2} \Delta t$$

$$\therefore \frac{1}{2}\arctan x = \int_0^x \frac{1}{2(1+t^2)} dt$$

——奥格·伯德森（Aage Bondesen）

万能公式（维尔斯特拉斯替换法）

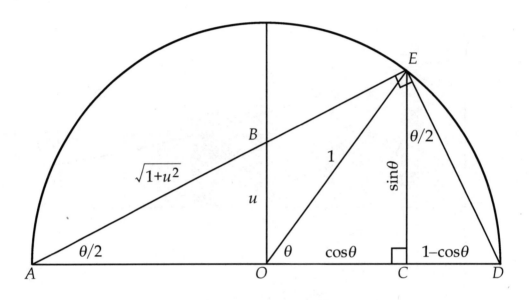

$$u = \tan\frac{\theta}{2}, \quad \overline{DE} = 2\sin\frac{\theta}{2} = \frac{2u}{\sqrt{1+u^2}}$$

$$\frac{\overline{CE}}{\overline{DE}} = \frac{\overline{OA}}{\overline{BA}} \Rightarrow \sin\theta = \frac{2u}{1+u^2}$$

$$\frac{\overline{CD}}{\overline{DE}} = \frac{\overline{OB}}{\overline{BA}} \Rightarrow \cos\theta = \frac{1-u^2}{1+u^2}$$

编辑注：英文原意为"万不得已"公式（The Method of Last Resort）。

——保罗·戴尔门（Paul Deiermann）

梯形法则（对递增函数而言）

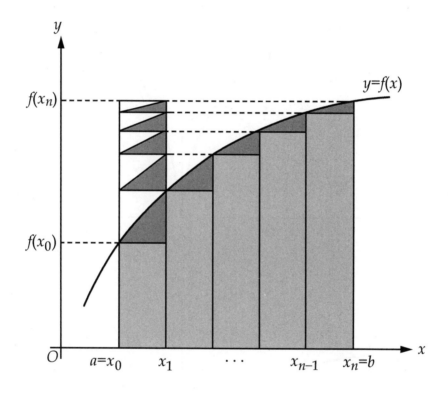

$$\int_a^b f(x)\,\mathrm{d}x \;=\; \sum_{i=0}^{n-1} f(x_i)\,\frac{b-a}{n} + \frac{1}{2}\left[\,f(x_n)-f(x_0)\,\right]\frac{b-a}{n}$$

——耶稣乌利亚（Jesús Urías）

双曲线的作图

Ⅰ.

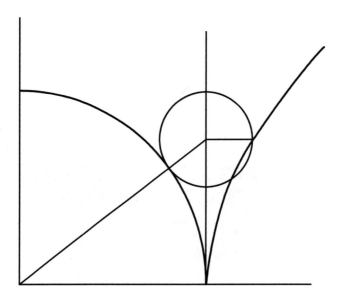

Ⅱ.

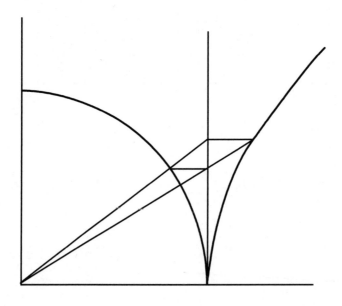

——欧内斯特 J. 埃克特（Ernest J. Eckert）

椭圆的焦点和准线

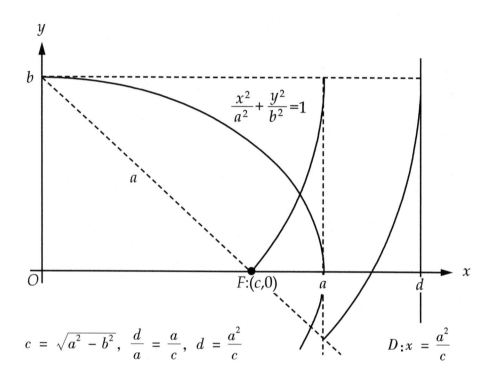

$$c = \sqrt{a^2 - b^2}, \quad \frac{d}{a} = \frac{a}{c}, \quad d = \frac{a^2}{c}$$

——迈克·巴达（Michel Bataille）

不　等　式

算术平均值 – 几何平均值不等式 IV

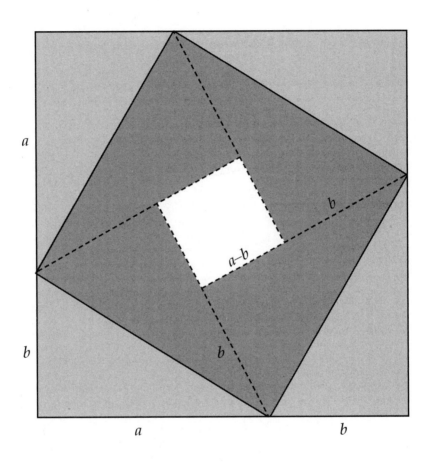

$$(a + b)^2 \geqslant 4ab \Rightarrow \frac{a + b}{2} \geqslant \sqrt{ab}$$

——阿尤伯 B. 阿尤伯（Ayoub B. Ayoub）

算术平均值 – 几何平均值不等式 **V**

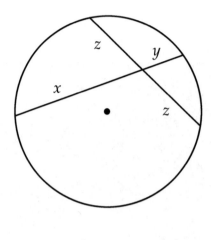

$$z^2 = xy$$

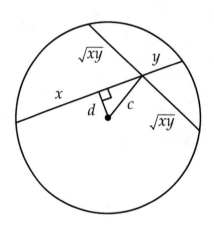

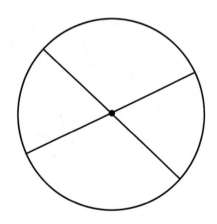

$$d < c \Rightarrow x + y > 2\sqrt{xy} \qquad\qquad d = c = 0 \Rightarrow x + y = 2\sqrt{xy}$$

——西尼 H. 昆（Sidney H. Kung）

算术平均值 – 几何平均值不等式 VI

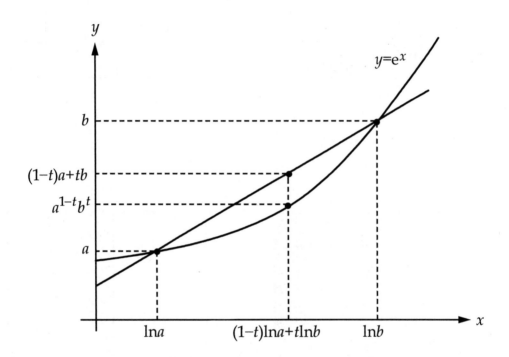

$$0 < a < b,\ 0 < t < 1 \Rightarrow (1-t)a + tb > a^{1-t}b^{t}$$

$$t = \frac{1}{2} \Rightarrow \frac{a+b}{2} > \sqrt{ab}$$

——迈克尔 K. 圣丹斯（Michael K. Brozinsky）

三个正数的算术平均值与几何平均值的不等式

引理：$ab + bc + ac \leqslant a^2 + b^2 + c^2$

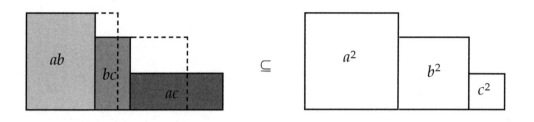

定理：$3ab \leqslant a^3 + b^3 + c^3$

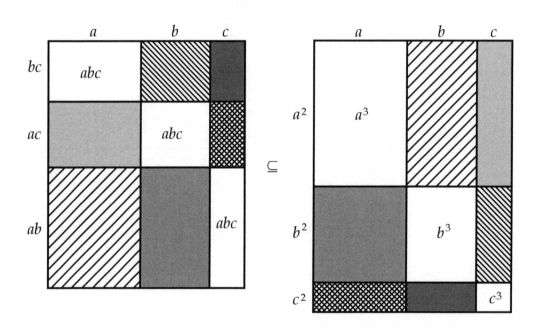

——克劳迪·阿斯纳（Claudi Alsina）

算术 – 几何 – 调和平均值不等式

$$a, b > 0 \Rightarrow \frac{a+b}{2} \geqslant \sqrt{ab} \geqslant \frac{2ab}{a+b}$$

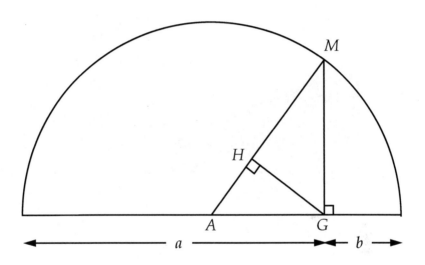

$$\overline{AM} = \frac{a+b}{2}, \quad \overline{GM} = \sqrt{ab}, \overline{HM} = \frac{2ab}{a+b},$$

$$\overline{AM} \geqslant \overline{GM} \geqslant \overline{HM}.$$

——亚历山大的帕普斯（Pappus of Alexandria）（大约公元 320 年）

算术 – 对数 – 几何平均值不等式

$$b > a > 0 \Rightarrow \frac{a+b}{2} \geqslant \frac{b-a}{\ln b - \ln a} \geqslant \sqrt{ab}$$

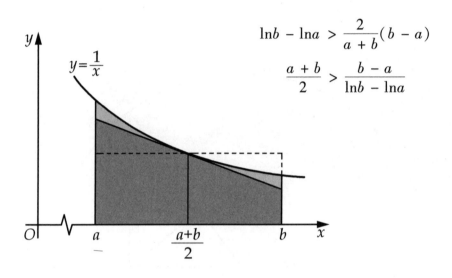

$$\ln b - \ln a > \frac{2}{a+b}(b-a)$$

$$\frac{a+b}{2} > \frac{b-a}{\ln b - \ln a}$$

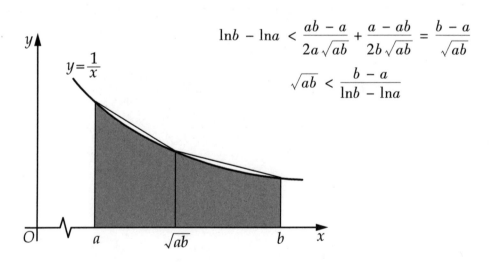

$$\ln b - \ln a < \frac{ab-a}{2a\sqrt{ab}} + \frac{a-ab}{2b\sqrt{ab}} = \frac{b-a}{\sqrt{ab}}$$

$$\sqrt{ab} < \frac{b-a}{\ln b - \ln a}$$

——RBN

平方的平均值大于等于平均值的平方

$$\frac{1}{n}\sum_{i=1}^{n} x_i^2 \geqslant \left(\frac{1}{n}\sum_{i=1}^{n} x_i\right)^2$$

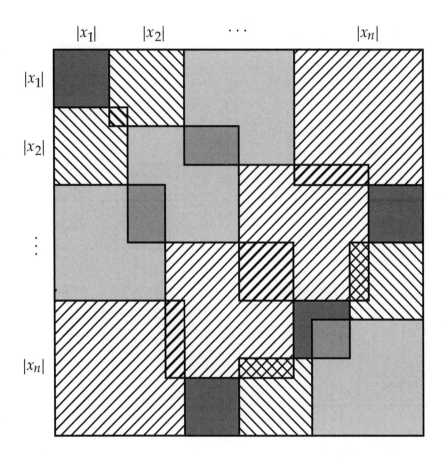

$$n(x_1^2 + x_2^2 + \cdots + x_n^2) \geqslant (\,|x_1| + |x_2| + \cdots + |x_n|\,)^2 \geqslant (x_1 + x_2 + \cdots + x_n)^2$$

$$\therefore \quad \frac{x_1^2 + x_2^2 + \cdots + x_n^2}{n} \geqslant \left(\frac{x_1 + x_2 + \cdots + x_n}{n}\right)^2$$

——RBN

正值单调数列的切比雪夫不等式

$$\sum_{i=1}^{n} x_i \sum_{i=1}^{n} y_i \leqslant n \sum_{i=1}^{n} x_i y_i$$

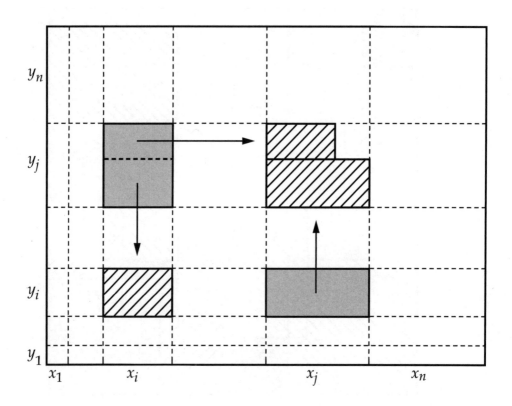

$$x_i < x_j \text{ 且 } y_i < y_j \Rightarrow x_i y_j + x_j y_i \leqslant x_i y_i + x_j y_j$$

$$\therefore (x_1 + x_2 + \cdots + x_n)(y_1 + y_2 + \cdots + y_n) \leqslant n(x_1 y_1 + x_2 y_2 + \cdots + x_n y_n)$$

——RBN

若尔当不等式

$$0 \leqslant x \leqslant \frac{\pi}{2} \Rightarrow \frac{2x}{\pi} \leqslant \sin x \leqslant x$$

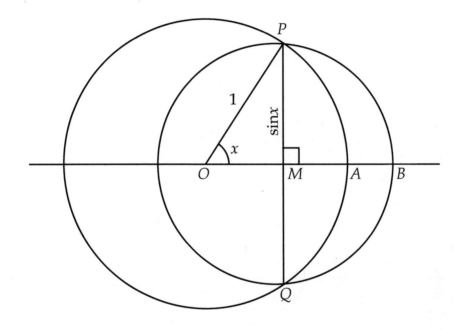

$$OB = OM + MP \geqslant OA \Rightarrow \overset{\frown}{PBQ} \geqslant \overset{\frown}{PAQ} \geqslant \overline{PQ}$$

$$\Rightarrow \pi \sin x \geqslant 2x \geqslant 2\sin x$$

$$\Rightarrow \frac{2x}{\pi} \leqslant \sin x \leqslant x$$

——冯跃峰（Feng Yuefeng）

杨 – 不等式

（W. H. Young, "On classes of summables functions and their Fourier series,"（"可积函数类和它们的傅里叶级数,"）Proc. Royal Soc.（A）, 87（1912）225 – 229）

定理：设有两个连续函数 φ 和 ψ，边界值为零，严格递增，并且互为倒数。则对于 a，$b \geqslant 0$ 有

$$ab \leqslant \int_0^a \varphi(x)\,\mathrm{d}x + \int_0^b \psi(y)\,\mathrm{d}y$$

当且仅当 $b = \varphi(a)$ 时等号成立。

证明：

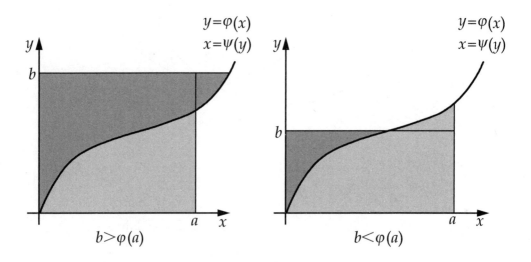

整 数 求 和

整数求和 Ⅲ

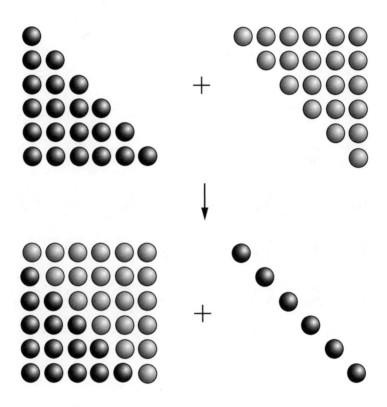

$$1 + 2 + \cdots + n = \frac{1}{2}(n^2 + n)$$

——S. J. 法洛（S. J. Farlow）

连续正整数的和 I

对每个 $N > 1$ 且也不是 2 的幂次方的整数，都能够表示成两个或多个连续正整数的和。

$$N = 2^n(2k + 1) \quad (n \geq 0, \ k \geq 1),$$
$$m = \min\{2^{n+1}, \ 2k + 1\},$$
$$M = \max\{2^{n+1}, \ 2k + 1\},$$
$$2N = mM.$$

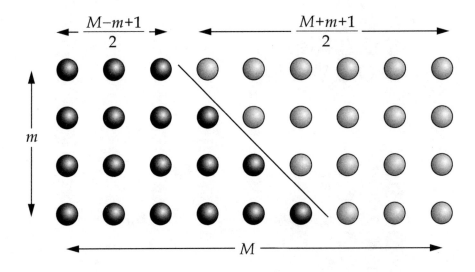

$$N = \left(\frac{M - m + 1}{2}\right) + \left(\frac{M - m + 1}{2} + 1\right) + \cdots + \left(\frac{M + m - 1}{2}\right).$$

参考文献：
1. P. Ross, Problem 1358, Mathematics Magazine 63 (1990), 350.
2. J. V. Wales, Jr. , Solution to Problem 1358, Mathematics Magazine 64 (1991), 351.

——C. L. 弗兰真（C. L. Frenzen）

连续整数的连续和 II

$T_k = 1 + 2 + \cdots + k \Rightarrow$

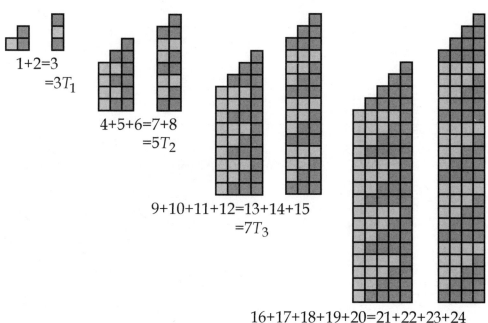

$1+2=3$
$=3T_1$

$4+5+6=7+8$
$=5T_2$

$9+10+11+12=13+14+15$
$=7T_3$

$16+17+18+19+20=21+22+23+24$
$=9T_4$

$\cdots$

$$n^2 + (n^2 + 1) + \cdots + (n^2 + n) = (n^2 + n + 1) + \cdots + (n^2 + 2n)$$
$$= (2n + 1)T_n$$

平方和 VI

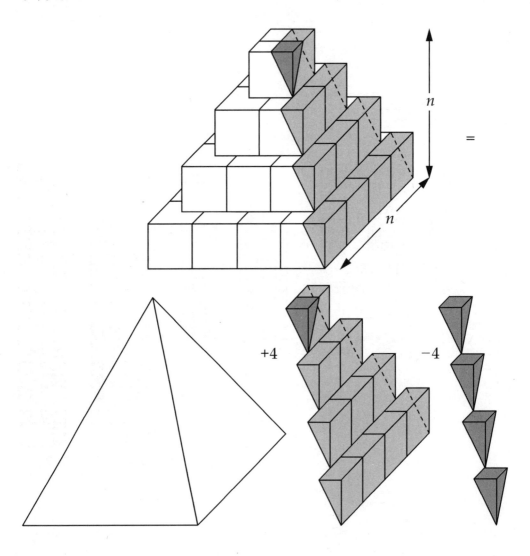

$$1^2 + 2^2 + \cdots + n^2 = \frac{1}{3}n^2 \cdot n \quad + \quad 4 \cdot \frac{n(n+1)}{2} \cdot \frac{1}{4} \quad - \quad 4 \cdot n \cdot \frac{1}{12}$$

$$= \frac{1}{6}n(n+1)(2n+1).$$

——I. A. 萨克玛（I. A. Sakmar）

平方和 VII

$$\sum_{k=1}^{n} k^2 = \frac{n(n+1)(2n+1)}{6}$$

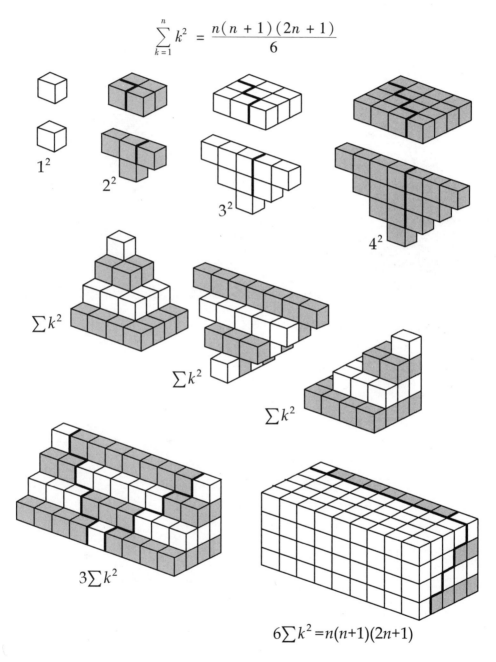

$$6\sum k^2 = n(n+1)(2n+1)$$

——南妮·韦穆特（Nanny Wermuth）
和汉斯-约斯特·苏尔（Hans-Jürgen Schuh）

平方和Ⅷ

$$k^2 = 1 + 3 + \cdots + (2k - 1) \Rightarrow \sum_{k=1}^{n} k^2 = \frac{n(n + 1)(2n + 1)}{6}$$

$$3(1^2 + 2^2 + \cdots + n^2) = (2n + 1)(1 + 2 + \cdots + n)$$

$$\therefore 1^2 + 2^2 + \cdots + n^2 = \frac{2n + 1}{3} \cdot \frac{n(n + 1)}{2}$$

平方和 IX （通过型心）

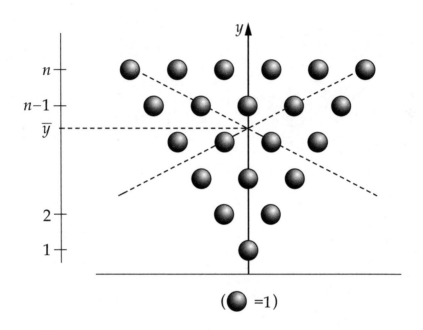

$(\bullet = 1)$

$$\overline{y} = 1 + \frac{2}{3}(n-1) = \frac{1 \cdot 1 + 2 \cdot 2 + \cdots + n \cdot n}{1 + 2 + \cdots + n}$$

$$\therefore 1^2 + 2^2 + \cdots + n^2 = \frac{n(n+1)}{2} \cdot \frac{1}{3}(2n+1) = \frac{1}{6}n(n+1)(2n+1)$$

——西尼 H. 昆（Sidney H. Kung）

奇数的平方和

$$1^2 + 3^2 + \cdots + (2n - 1)^2 = \frac{n(2n - 1)(2n + 1)}{3}$$

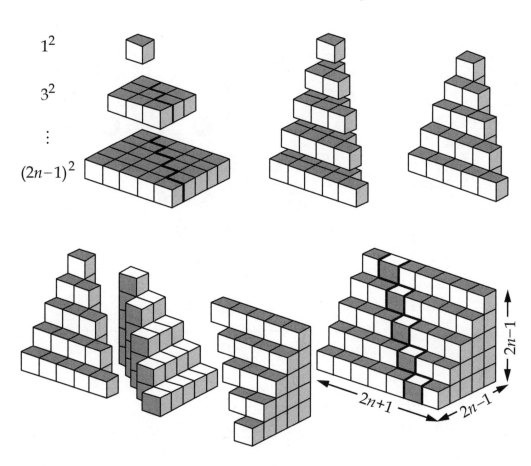

$$3 \times [1^2 + 3^2 + \cdots + (2n - 1)^2] = [1 + 2 + \cdots + (2n - 1)] \times (2n + 1)$$

$$= \frac{(2n - 1)(2n)(2n + 1)}{2}$$

$$= n(2n - 1)(2n + 1)$$

——RBN

平方和之和

$$\sum_{k=1}^{n} \sum_{i=1}^{k} i^2 = \frac{1}{3}\binom{n+1}{2}\binom{n+2}{2}$$

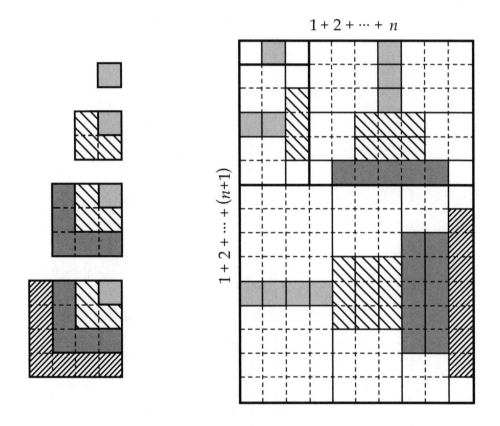

$$3(1^2) + 3(1^2 + 2^2) + 3(1^2 + 2^2 + 3^2) + \cdots + 3(1^2 + 2^2 + \cdots + n^2) = \binom{n+1}{2}\binom{n+2}{2}$$

——C. G. 沃思腾 （C. G. Wastun）

毕达哥拉斯顺串

$$3^2 + 4^2 = 5^2$$
$$10^2 + 11^2 + 12^2 = 13^2 + 14^2$$
$$21^2 + 22^2 + 23^2 + 24^2 = 25^2 + 26^2 + 27^2$$
$$\vdots$$

$$T_n = 1 + 2 + \cdots + n \Rightarrow (4T_n - n)^2 + \cdots + (4T_n)^2 = (4T_n + 1)^2 + \cdots + (4T_n + n)^2$$

例子 $n = 3$：

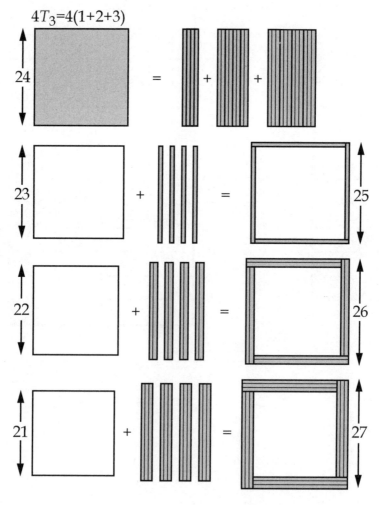

——迈克尔·波德曼（Michael Boardman）

立方和 VII

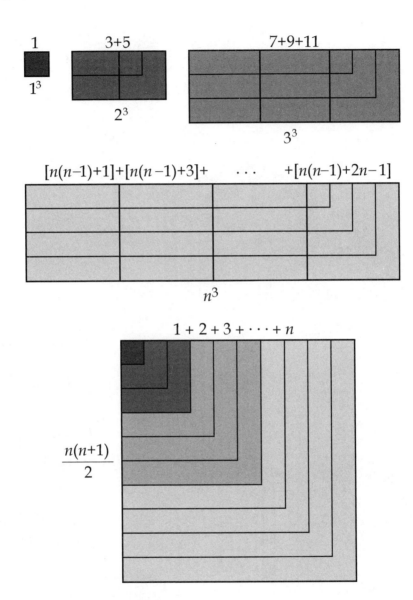

$$1^3 + 2^3 + \cdots + n^3 = 1 + 3 + 5 + \cdots + 2\frac{n(n+1)}{2} - 1 = \left[\frac{n(n+1)}{2}\right]^2$$

——欧非尼奥·弗洛雷斯（Alfinio Flores）

连续整数求和表达成立方和的形式

$$2 + 3 + 4 = 1 + 8$$

$$5 + 6 + 7 + 8 + 9 = 8 + 27$$

$$10 + 11 + 12 + 13 + 14 + 15 + 16 = 27 + 64$$

$$\vdots$$

$$(n^2 + 1) + (n^2 + 2) + \cdots + (n + 1)^2 = n^3 + (n + 1)^3$$

——RBN

任意奇数的平方等于两个三角形数之差

$$1 + 2 + \cdots + k = T_k \Rightarrow (2n+1)^2 = T_{3n+1} - T_n$$

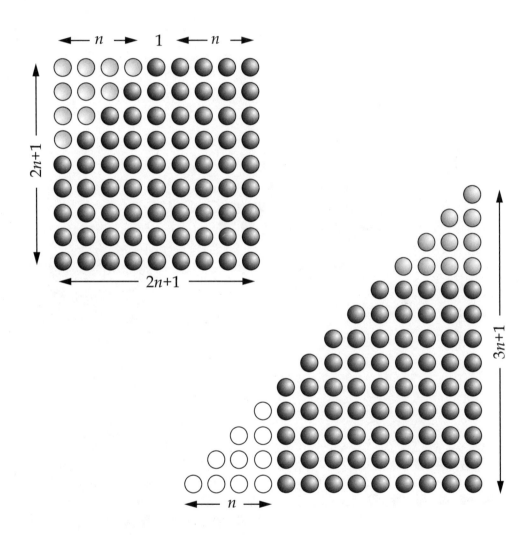

三角形数模 3

$$t_n = 1 + 2 + \cdots + n \Rightarrow \begin{cases} t_n \equiv 1 \bmod 3, & n \equiv 1 \bmod 3 \\ t_n \equiv 0 \bmod 3, & n \not\equiv 1 \bmod 3 \end{cases}$$

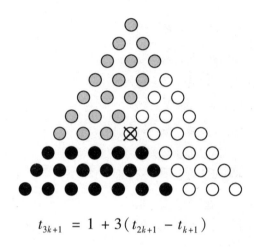

$$t_{3k+1} = 1 + 3(t_{2k+1} - t_{k+1})$$

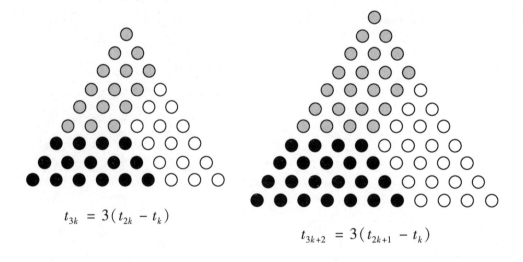

$$t_{3k} = 3(t_{2k} - t_k)$$

$$t_{3k+2} = 3(t_{2k+1} - t_k)$$

三角形数之和Ⅳ：计数炮弹

$$T_k = 1 + 2 + \cdots + k \Rightarrow \sum_{k=1}^{n} T_k = \sum_{k=1}^{n} k(n - k + 1)$$

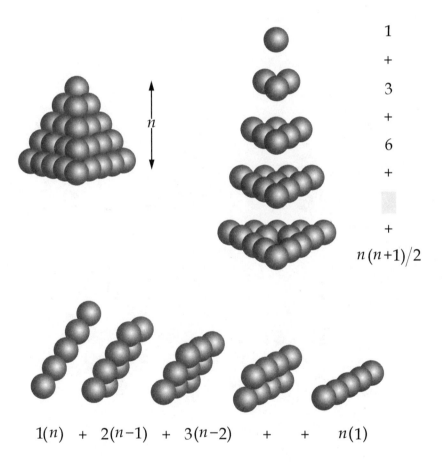

$$1 + 3 + 6 + \cdots + n(n+1)/2$$

$$1(n) \quad + \quad 2(n-1) \quad + \quad 3(n-2) \quad + \quad + \quad n(1)$$

——迪安娜 B. 奥斯本格（Deanna B. Haunsperger）
和斯蒂芬 F. 肯尼迪（Stephen F. Kennedy）

三角形数的交替和

$$T_k = 1 + 2 + \cdots + k \Rightarrow \sum_{k=1}^{2n-1} (-1)^{k+1} T_k = n^2$$

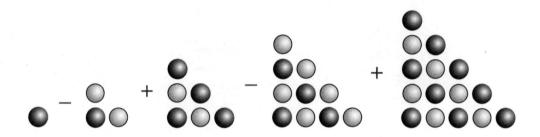

——RBN

连续三角形数的平方之和等于三角形数

$$T_n = 1 + 2 + \cdots + n \Rightarrow T_{n-1}^2 + T_n^2 = T_{n^2}$$

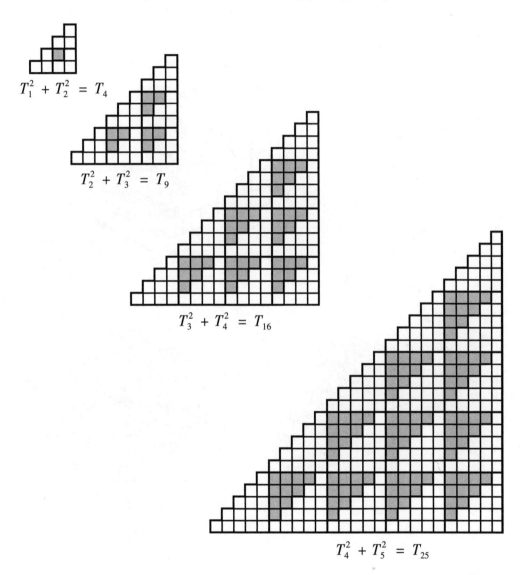

$$T_1^2 + T_2^2 = T_4$$

$$T_2^2 + T_3^2 = T_9$$

$$T_3^2 + T_4^2 = T_{16}$$

$$T_4^2 + T_5^2 = T_{25}$$

注：这是更为熟悉的 $T_{n-1} + T_n = n^2$ 公式的类推结果。

——RBN

三角形数的递归式

$$T_k = 1 + 2 + \cdots + k \Rightarrow T_{n+1} = \frac{n+2}{n}T_n$$

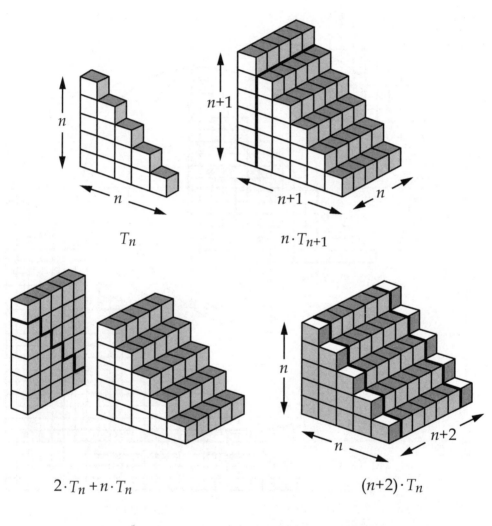

$$n \cdot T_{n+1} = (n+2) \cdot T_n \Rightarrow T_{n+1} = \frac{n+2}{n}T_n$$

三角形数等式 II

$$T_n = 1 + 2 + \cdots + n \Rightarrow$$

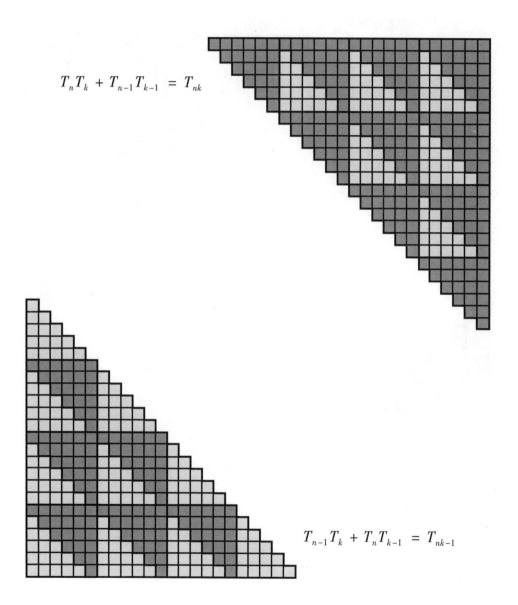

$$T_n T_k + T_{n-1} T_{k-1} = T_{nk}$$

$$T_{n-1} T_k + T_n T_{k-1} = T_{nk-1}$$

——RBN

三角形数等式Ⅲ

$$T_n = 1 + 2 + \cdots + n \Rightarrow$$

$$n^2 T_{k-1} + kT_n = T_{nk}$$

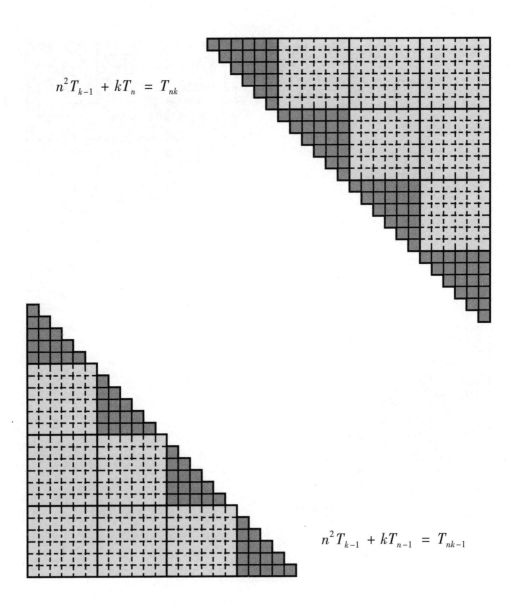

$$n^2 T_{k-1} + kT_{n-1} = T_{nk-1}$$

——詹姆斯 O. 奇拉卡（James O. Chilaka）

五角形数等式

$$\left.\begin{array}{l} P_n = 1 + 4 + 7 + \cdots + (3n - 2) \\ T_n = 1 + 2 + 3 + \cdots + n \end{array}\right\} \Rightarrow$$

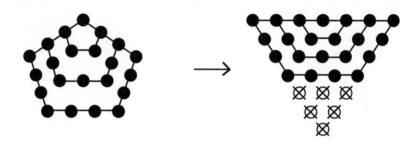

$$P_n = T_{2n-1} - T_{n-1}$$

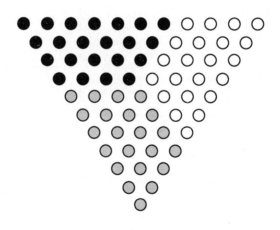

$$P_n = \frac{1}{3}T_{3n-1}$$

八角形数之和

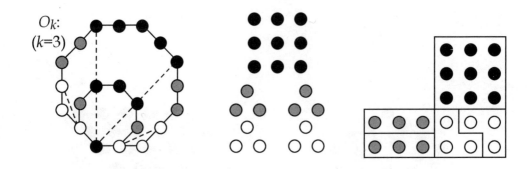

$$T_k = 1 + 2 + \cdots + k \Rightarrow O_k = k^2 + 4T_{k-1}$$

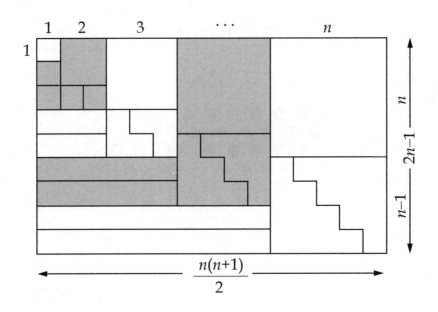

$$\sum_{k=1}^{n} O_k = 1 + 8 + 21 + 40 + \cdots + (n^2 + 4T_{n-1}) = \frac{n(n+1)(2n-1)}{2}$$

——詹姆斯 O. 奇拉卡（James O. Chilaka）

连续整数积之和 I

$$\sum_{k=1}^{n} k(k+1) = \frac{n(n+1)(n+2)}{3}$$

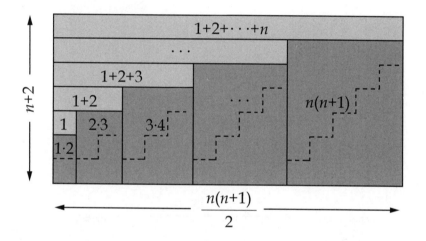

$T_k = 1 + 2 + \cdots + k \Rightarrow$

$$1 \cdot 2 + 2 \cdot 3 + \cdots + n(n+1) + (T_1 + T_2 + \cdots + T_n) = \frac{n(n+1)(n+2)}{2},$$

$$T_1 + T_2 + \cdots + T_n = \frac{1}{2}(1 \cdot 2 + 2 \cdot 3 + \cdots + n(n+1)),$$

$$\therefore \frac{3}{2}(1 \cdot 2 + 2 \cdot 3 + \cdots + n(n+1)) = \frac{n(n+1)(n+2)}{2}.$$

——詹姆斯 O. 奇拉卡 (James O. Chilaka)

连续整数积之和 Ⅱ

$$\sum_{k=1}^{n} k(k+1)(k+2) = \frac{n(n+1)(n+2)(n+3)}{4}$$

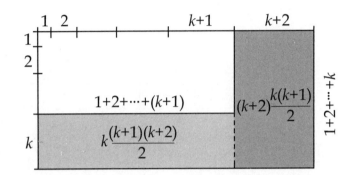

$$k\frac{(k+1)(k+2)}{2} + (k+2)\frac{k(k+1)}{2} = k(k+1)(k+2)$$

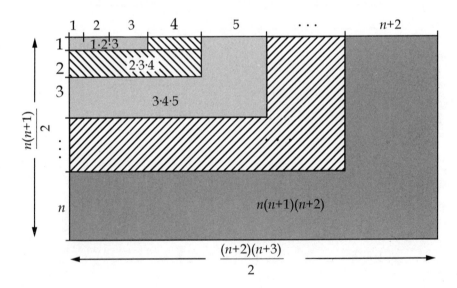

$$1 \cdot 2 \cdot 3 + 2 \cdot 3 \cdot 4 + \cdots + n(n+1)(n+2)$$

$$= \frac{n(n+1)}{2} \times \frac{(n+2)(n+3)}{2} = \frac{n(n+1)(n+2)(n+3)}{4}$$

——詹姆斯 O. 奇拉卡（James O. Chilaka）

斐波那契等式

$$F_1 = F_2 = 1, \quad F_n = F_{n-1} + F_{n-2} \Rightarrow$$

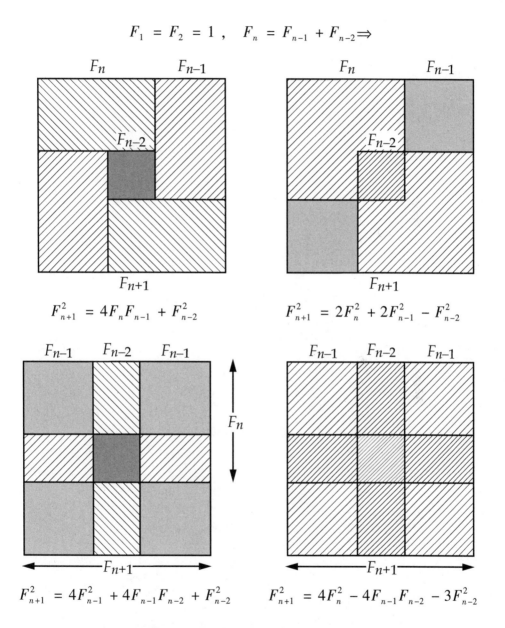

$$F_{n+1}^2 = 4F_nF_{n-1} + F_{n-2}^2 \qquad F_{n+1}^2 = 2F_n^2 + 2F_{n-1}^2 - F_{n-2}^2$$

$$F_{n+1}^2 = 4F_{n-1}^2 + 4F_{n-1}F_{n-2} + F_{n-2}^2 \qquad F_{n+1}^2 = 4F_n^2 - 4F_{n-1}F_{n-2} - 3F_{n-2}^2$$

译注：斐波那契数列指的是这样一个数列：1，1，2，3，5，8，13，21，34…这个数列从第三项开始，每一项都等于前两项之和。

——阿尔弗雷德·布鲁索（Alfred Brousseau）

3 的幂次方之和

$$\sum_{k=0}^{n-1} 3^k = \frac{3^n - 1}{2}$$

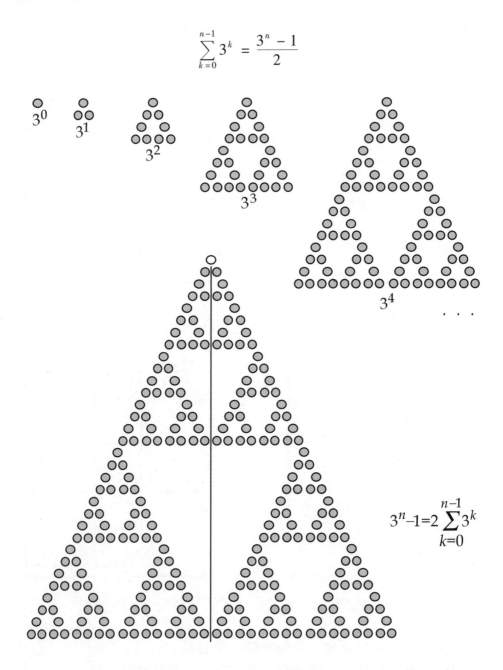

$$3^n - 1 = 2\sum_{k=0}^{n-1} 3^k$$

——大卫 B. 谢尔（David B. Sher）

无穷级数，线性代数及其他议题

几何级数

$$\frac{1}{4} + \left(\frac{1}{4}\right)^2 + \left(\frac{1}{4}\right)^3 + \cdots = \frac{1}{3}$$

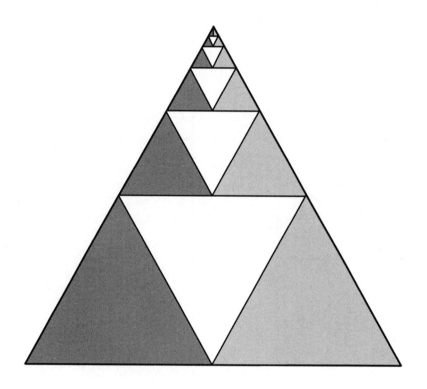

——瑞克·马布里（Rick Mabry）

交错级数

$$\frac{1}{2} - \frac{1}{4} + \frac{1}{8} - \frac{1}{16} + \frac{1}{32} - \frac{1}{64} + \cdots = \frac{1}{3}$$

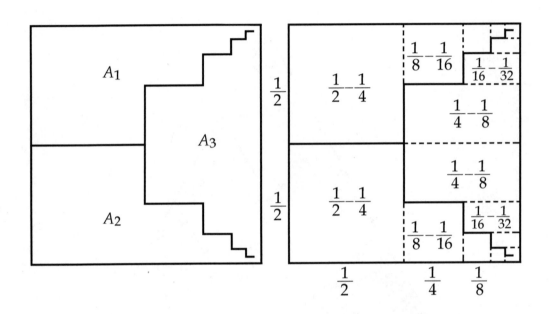

$$A_1 = \frac{1}{2} - \frac{1}{4} + \frac{1}{8} - \frac{1}{16} + \frac{1}{32} - \frac{1}{64} + \cdots,$$

$$A_1 = A_2 = A_3,$$

$$A_1 + A_2 + A_3 = 1,$$

$$\therefore A_1 = \frac{1}{3}.$$

——詹姆斯 O. 奇拉卡（James O. Chilaka）

广义几何级数

令 $\{k_1, k_2, k_3, \cdots\}$ 是一个整数数列，任一个 $k_i \geq 2$，$i = 1, 2, 3, \cdots$ 则

$$\frac{k_1 - 1}{k_1} + \frac{k_2 - 1}{k_2 k_1} + \frac{k_3 - 1}{k_3 k_2 k_1} + \cdots = 1$$

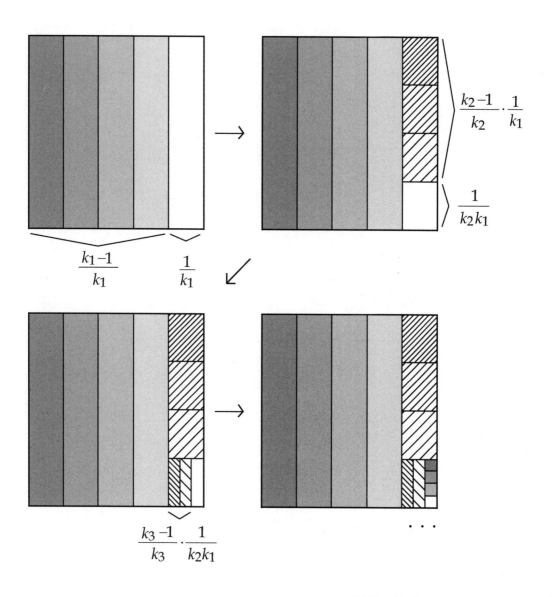

——约翰·梅森（John Mason）

级数的发散

$$n > 1 \Rightarrow \sum_{k=1}^{n} \frac{1}{\sqrt{k}} > \sqrt{k}$$

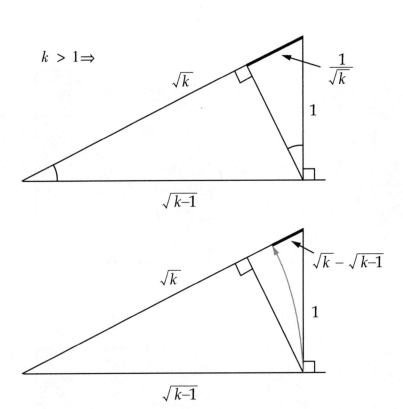

$$\frac{1}{\sqrt{k}} > \sqrt{k} - \sqrt{k-1}$$

$$\frac{1}{\sqrt{2}} + \frac{1}{\sqrt{3}} + \cdots + \frac{1}{\sqrt{n}} > (\sqrt{2} - 1) + (\sqrt{3} - \sqrt{2}) + \cdots + (\sqrt{n} - \sqrt{n-1})$$

$$\therefore 1 + \frac{1}{\sqrt{2}} + \frac{1}{\sqrt{3}} + \cdots + \frac{1}{\sqrt{n}} > \sqrt{n}$$

——西尼 H. 昆 (Sidney H. Kung)

伽利略比值

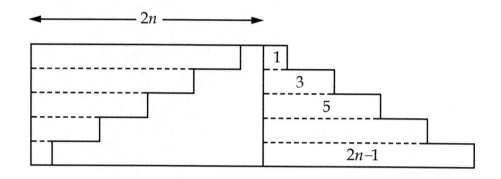

$$\frac{1}{3} = \frac{1+3}{5+7} = \frac{1+3+5}{7+9+11} = \cdots = \frac{1+3+5+\cdots+(2n-1)}{(2n+1)+(2n+3)+\cdots+(2n+2n-1)}$$

——欧非尼奥·弗洛雷斯（Alfinio Flores）

调和级数求和

$$H_k = 1 + \frac{1}{2} + \frac{1}{3} + \cdots + \frac{1}{k} \Rightarrow \sum_{k=1}^{n-1} H_k = nH_n - n$$

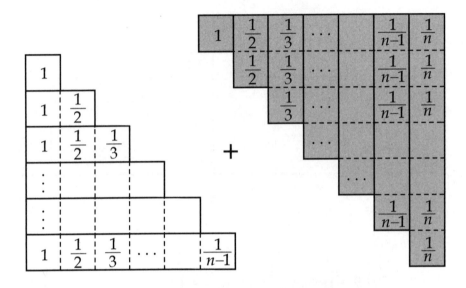

$$\sum_{k=1}^{n-1} H_k + n = nH_n$$

$$(AB)^{\mathrm{T}} = B^{\mathrm{T}} A^{\mathrm{T}}，其中 A 和 B 为矩阵$$

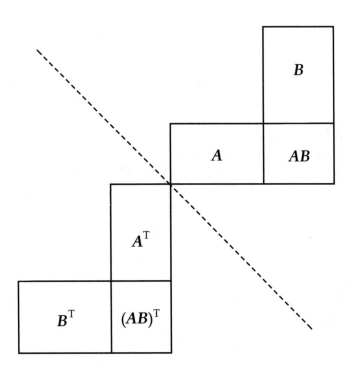

——詹姆斯 G. 西蒙斯（James G. Simmonds）

向量混合积的分配律

$$\vec{A} \cdot (\vec{C} \times \vec{D}) + \vec{B} \cdot (\vec{C} \times \vec{D}) = (\vec{A} + \vec{B}) \cdot (\vec{C} \times \vec{D})$$

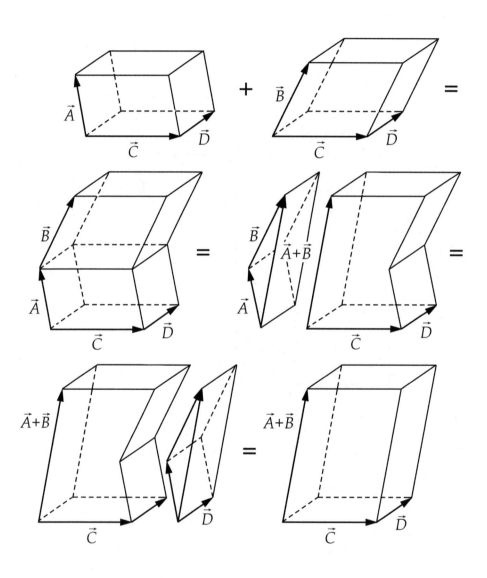

——康斯坦斯 C. 爱德华兹（Constance C. Edwards）
和普拉桑特 S. 塞恩思格里（Prashant S. Sansgiry）

克拉默法则

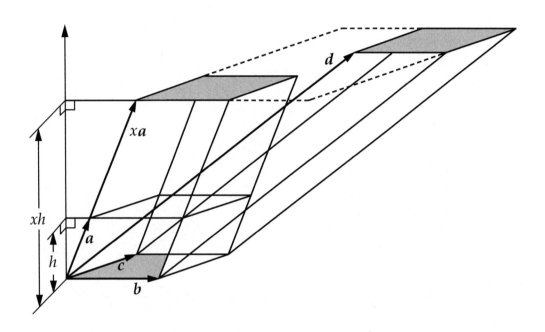

$$xa + yb + zc = d \Rightarrow \det(d,b,c) = \det(xa,b,c) = x\det(a,b,c)$$

$$\therefore x = \frac{\det(d,b,c)}{\det(a,b,c)}$$

——数学倡议，
数学发展中心

原始的毕达哥拉斯三元组的参数表示

$$\frac{a}{2}, b, c \in \mathbf{Z}_+, (a,b) = 1$$

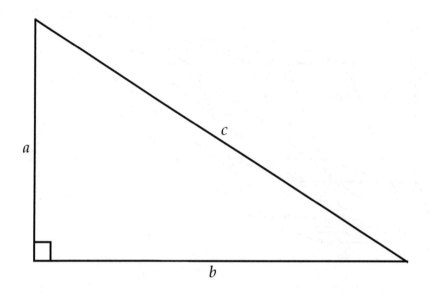

$$\frac{c+b}{a} = \frac{n}{m}, (n,m) = 1 \Rightarrow \frac{c-b}{a} = \frac{m}{n},$$

$$\Rightarrow \frac{c}{a} = \frac{n^2 + m^2}{2mn}, \frac{b}{a} = \frac{n^2 - m^2}{2mn},$$

$$\Rightarrow n \neq m \,(\mathrm{mod}\, 2).$$

$$\therefore (a,b,c) = (2mn, n^2 - m^2, n^2 + m^2).$$

——雷蒙德 A. 博勒加德（Raymond A. Beauregard）

和 E. R. 瑟雅纳拉彦（E. R. Suryanarayan）

完全数

$$p = 2^{n+1} - 1 \text{ 是素数} \Rightarrow N = 2^n p \text{ 是完全数}$$

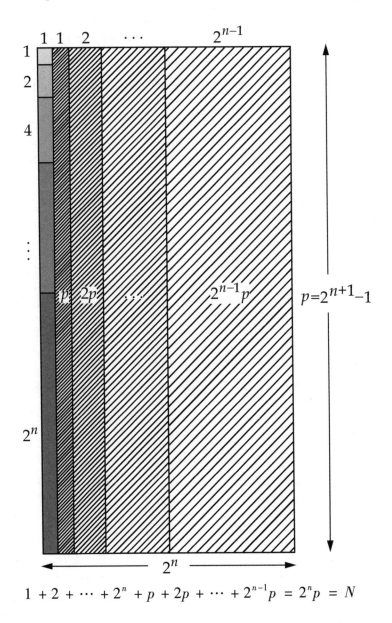

$$1 + 2 + \cdots + 2^n + p + 2p + \cdots + 2^{n-1}p = 2^n p = N$$

译注：完全数的定义：一个完全数是指一个自然数，它等于不包含自身在内的所有因子之和。

——唐·戈德保（Don Goldberg）

自补图

如果一幅图不包括圈和多重边，则称该图是简单的。一幅简单图 $G = (V, E)$ 是自补的，如果 G 同构于其自身的补集 $\overline{G} = (V, \overline{E})$，其中 $\overline{E} = \{\{v, w\} : v, w \in V, v \neq w, \text{且} \{v, w\} \notin E\}$。一个基本的结论是，若 G 是一个具有 n 条边的自补简单图，则 $n \equiv 0 (\bmod 4)$ 或 $n \equiv 1 (\bmod 4)$。反过来也是成立的，下面我们来证明。

定理：设 n 是一个正整数，且 $n \equiv 0 (\bmod 4)$ 或 $n \equiv 1 (\bmod 4)$，则必存在一个具有 n 条边的自补简单图 G_n。

证明：

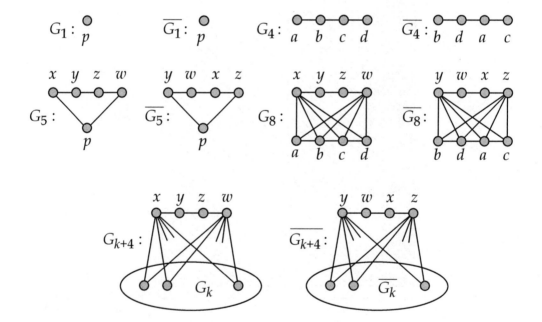

——斯蒂芬 C. 卡尔森（Stephan C. Carlson）

L 型三格骨牌填充

一个 L 型三格骨牌是由三个小正方形组成的平面图形：

定理：如果 n 是 2 的幂次方，则一个 $n \times n$ 的棋盘去掉任一个正方形都能用 L 型三格骨牌来填充。

证明（由引言）：

I

II

——所罗门 W. 哥罗布（Solomon W. Golomb）

注：除了 $n = 5$ 这种情况，一个 $n \times n$ 棋盘移动任一个正方形都能用三格骨牌来填充当且仅当 $n \neq 0 (\bmod\ 3)$。参见 I-Ping Chu 和 Richard Johnsonbaugh "Tiling deficient boards with trominoes," Mathematics Magazine 59（1986）34 - 40.

文 献 索 引

几何与代数

3   http：//tug. org/applications/PSTricks/Tilings

4   *Mathematics Magazine*, vol. 71, no. 3（June 1998）, p. 170.

5   Howard Eves, *Great Moments in Mathematics（Before 1650）*, The Mathematical Associ-
ation of America, Washington, 1980, pp. 29-31.

6   Reprinted with permission from Elisha Scott Loomis, *The Pythagorean Proposition*,
p. 112, copyright 1968 by the National Council of Teachers of Mathematics. All rights
reserved.

7   *College Mathematics Journal*, vol. 27, no. 5（Nov. 1996）, p. 409.

8   *Mathematics Magazine*, vol. 72, no. 5（Dec. 1999）, p. 407.

9   *Mathematics Magazine*, vol. 71, no. 1（Feb. 1998）, p. 64.

10   *Mathematics Magazine*, vol. 70, no. 5（Dec. 1997）, p. 380; vol. 71, no. 3（June.
1998）, p. 224.

11   *Mathematics Magazine*, vol. 71, no. 4（Oct. 1998）, p. 314.

12   http：//www. cms. math. ca/CMS/Competitions/OMC/examt/english69. html

13   I . *Mathematics Magazine*, vol. 71, no. 3（June 1998）, p. 196.
    II . Ross Honsberger, *Mathematical Morsels*, The Mathematical Association of Ameri-
ca, Washington, 1978, pp. 27-28.

14   *Mathematics Magazine*, vol. 72, no. 4（Oct. 1999）, p. 317.

15   Written communication.

16   *Mathematics Magazine*, vol. 72, no. 2（April 1999）, p. 142.

17   Reprinted with permission from *The Mathematics Teacher* [vol. 85, no. 2（ Feb.
1992）, front cover; vol. 86, no 3（March 1993）, p. 192], copyright 1992, 1993
by the National Council of Teachers of Mathematics. All rights reserved.

18   *American Mathematical Monthly*, vol. 93, no. 7（Aug. -Sept. 1986）, p. 572.

19   *College Mathematics Journal*, vol. 28, no. 3（May 1997）, p. 171.

20   *Mathematics and Computer Education*, vol. 33, no. 3（Fall 1999）, p. 282.

22   Ross Honsberger, *Mathematical Morsels*, The Mathematical Association of America,

Washington，1978，pp. 204-205.

24   *American Mathematical Monthly*，vol. 86，no. 9 （Nov. 1986），pp. 752，755.

25   *American Mathematical Monthly*，vol. 71，no. 6 （June-July 1964），pp. 636-637.

26   Ross Honsberger，*Mathematical Gems III* ，The Mathematical Association of America，Washington，1985，p. 31.

27   *Mathematics Magazine*，vol. 67，no. 4 （Oct. 1994），p. 267.

28   *College Mathematics Journal*，vol. 25，no. 3 （May 1994），p. 211.

29   Ross Honsberger，*Mathematical Morsels*，The Mathematical Association of America，Washington，1978，pp. 126-127.

30   *American Mathematical Monthly*，vol. 106，no. 9 （Nov. 1994），pp. 844-846.

31   *Mathematics Magazine*，vol. 71，no. 2 （April 1998），p. 141.

32   *Mathematics Magazine*，vol. 71，no. 5 （Dec. 1998），p. 377.

33   *College Mathematics Journal*，vol. 27，no. 1 （Jan. 1996），p. 32.

34   *College Mathematics Journal*，vol. 26，no. 2 （March 1995），p. 131.

三角，微积分与解析几何

39   *Mathematics Magazine*，vol. 66，no. 2 （April 1993），p. 135.

40   Written communication.

41   *College Mathematics Journal*，vol. 26，no. 2 （March 1995），p. 145.

42   http：//www. maa. org/pubs/mm_ supplements/smiley/trigproofs. html

43   *Mathematics Magazine*，vol. 72，no. 5 （Dec. 1999），p. 366.

44   *College Mathematics Journal*，vol. 30，no. 3 （May 1999），p. 212.

45   *Mathematics Magazine*，vol. 72，no. 4 （Oct. 1999），p. 276.

46   *College Mathematics Journal*，vol. 30，no. 5 （Nov. 1999），p. 433；vol. 31，no. 2 （March 2000），pp. 145-146.

48   *Mathematics Magazine*，vol. 71，no. 5 （Dec. 1998），p. 385.

49   *College Mathematics Journal*，vol. 27，no. 2 （March 1996），p. 155.

50   *Mathematics Magazine*，vol. 69，no. 4 （Oct. 1996），p. 269.

51   *College Mathematics Journal*，vol. 29，no. 2 （March 1998），p. 157.

52   *Mathematics Magazine*，vol. 69，no. 4 （Oct. 1996），p. 278.

53   *College Mathematics Journal*，vol. 29，no. 2 （March 1998），p. 133.

54   *Mathematics Magazine*，vol. 71，no. 2 （April 1998），p. 130.

55   *College Mathematics Journal*，vol. 27，no. 2 （March 1996），p. 108.

56   *Mathematics Magazine*，vol. 71，no. 3 （June. 1998），p. 207.

58   *College Mathematics Journal*，vol. 29，no. 2 （March 1998），p. 147.

59 *College Mathematics Journal*, vol. 28, no. 3 (May 1997), p. 186.

60 *College Mathematics Journal*, vol. 29, no. 4 (Sept 1998), p. 313.

61 *College Mathematics Journal*, vol. 27, no. 4 (Sept 1996), p. 304.

62 http：//www. iam. ubc. ca/ ~ newbury/proofwowords/proofwowords. html

63 Written communication.

64 *College Mathematics Journal*, vol. 29, no. 1 (Jan 1998), p. 17.

65 *Mathematics Magazine*, vol. 68, no. 3 (June 1995), p. 192.

66 *Mathematics Magazine* , vol. 66, no. 2 (April 1993), p. 113.

67 *College Mathematics Journal*, vol. 30, no. 3 (May 1999), p. 212.

不等式

71 *Mathematics and Computer Education*, vol. 31, no. 2 (spring 1997), p. 191.

72 *College Mathematics Journal*, vol. 26, no. 1 (Jan 1995), p. 38.

73 *College Mathematics Journal*, vol. 25, no. 2 (March 1994), p. 98.

74 *Mathematics Magazine*, vol. 73, no. 2 (April 2000), p. 97.

75 *American Mathematic Monthly*, vol. 88, no. 3 (March 1981), p. 192

76 *Mathematics Magazine*, vol. 68, no. 4 (Oct 1995), p. 305.

77 *College Mathematics Journal*, vol. 26, no. 5 (Nov. 1995), p. 367, vol. 27, no. 2 (March 1996), p. 148.

78 *College Mathematics Journal*, vol. 25, no. 3 (May 1994), p. 192.

79 *Mathematics Magazine*, vol. 69, no. 2 (April 1996), p. 126.

80 *Mathematics Magazine*, vol. 37, no. 1 (Jan. -Feb. 1964), pp. 2-12.

整数求和

83 *College Mathematics Journal*, vol. 26, no. 3 (May 1995), p. 195.

84 *Mathematics Magazine*, vol. 70, no. 4 (Oct. 1997), p. 294.

86 *Mathematics Magazine*, vol. 70, no. 3 (June 1997), p. 212.

87 *Student*, vol. 3, no. 1 (March 1999), p. 43.

89 *College Mathematics Journal*, vol. 25, no. 2 (March 1994), p. 111.

90 *College Mathematics Journal*, vol. 25, no. 3 (May 1994), p. 246.

91 Written communication.

92 *Mathematics Magazine*, vol. 73, no. 1 (Feb. 2000), p. 59.

93 *College Mathematics Journal*, vol. 29, no. 1 (Jan 1998), p. 61.

94 *Mathematics Magazine*, vol. 71, no. 1 (Feb. 1999), p. 65.

95 *College Mathematics Journal*, vol . 27, no. 2 (March 1996), p. 118.

97 *Mathematics Magazine*, vol. 70, no. 1 (Feb. 1997), p. 46.

98   *Mathematics Magazine*, vol. 68, no. 4（Oct. 1995）, p. 284.

99   *Mathematics Magazine*, vol. 70, no. 2（April. 1997）, p. 130.

101   *College Mathematics Journal*, vol. 28, no. 3（May 1997）, p. 197.

102   *Mathematics Magazine*, vol. 69, no. 2（April. 1996）, p. 127.

104   *Mathematics and Computer Education*, vol. 33, no. 1（Winter 1999）, p. 62.

105   *Mathematics Magazine*, vol. 67, no. 5（Dec. 1994）, p. 365.

106   *Mathematics Magazine*, vol. 69, no. 1（Feb. 1996）, p. 63.

107   M. Bicknell & V. E. Hoggatt, Jr.（eds.）, *A Primer for the Fibonacci Numbers*, The Fibonacci Association, San Jose, 1972, pp. 152-156.

108   *Mathematics and Computer Education*, vol. 31, no. 2（Spring 1997）, p. 190.

无穷级数、线性代数及其他议题

111   *Mathematics Magazine*, vol. 72, no. 1（Feb. 1999）, p. 63.

112   *Mathematics Magazine*, vol. 69, no. 5（Dec. 1996）, pp. 355-356.

113   *College Mathematics Journal*, vol. 26, no. 5（Nov. 1995）, p. 381.

114   *College Mathematics Journal*, vol. 26, no. 4（Sept. 1995）, p. 301.

115   *College Mathematics Journal*, vol. 29, no. 4（Sept. 1998）, p. 300.

117   *College Mathematics Journal*, vol. 26, no. 3（May 1995）, p. 250.

118   *Mathematics Magazine*, vol. 70, no. 2（April 1997）, p. 136.

119   *College Mathematics Journal*, vol. 28, no. 2（March 1997）, p. 118.

120   *Mathematics Magazine*, vol. 69, no. 3（June 1996）, p. 189.

121   Written communication.

122   *Mathematics Magazine*, vol. 73, no. 1（Feb. 2000）, p. 12.

123   *American Mathematical Monthly*, vol. 61, no. 10（Dec. 1954）, pp. 675-682.

英文人名索引

中文人名索引